薄荷实验
Think As The Natives

Life
A Critical User's Manual

Didier Fassin

法桑论生命人类学

生命使用手册

[法]迪杰·法桑 著
边和 译

华东师范大学出版社

图书在版编目(CIP)数据

生命使用手册 /(法)迪杰·法桑著;边和译. —上海:华东师范大学出版社,2021
ISBN 978 - 7 - 5760 - 2189 - 9

Ⅰ.①生… Ⅱ.①迪…②边… Ⅲ.①生命伦理学-手册 Ⅳ.①B82-059

中国版本图书馆 CIP 数据核字(2021)第 211890 号

La Vie. Mode d'emploi critique
By Didier Fassin
© Didier Fassin 2017
All rights reserved by and controlled through Suhrkamp Verlag Berlin.
Chinese edition © 2021 East China Normal University Press Ltd arranged through the literary agency jiaxibooks co. ltd., Taipei.

上海市版权局著作权合同登记　图字:09 - 2020 - 1011 号

生命使用手册

著　　者	(法)迪杰·法桑
译　　者	边　和
责任编辑	顾晓清
审读编辑	韩　鸽
责任校对	李琳琳
装帧设计	周伟伟
出版发行	华东师范大学出版社
社　　址	上海市中山北路 3663 号　邮编 200062
客服电话	021 - 62865537
网　　店	http://hdsdcbs.tmall.com
印 刷 者	上海颛辉印刷厂有限公司
开　　本	787×1092　32 开
印　　张	6.875
字　　数	245 千字
版　　次	2022 年 4 月第 1 版
印　　次	2023 年 6 月第 2 次
书　　号	978 - 7 - 5760 - 2189 - 9
定　　价	59.80 元
出 版 人	王　焰

(如发现本版图书有印订质量问题,请寄回本社客服中心调换或电话 021 - 62865537 联系)

单独来看，一枚拼图的碎片什么都不是，它只是一个没法回答的问题、一个模糊不透明的挑战。但是，一旦你成功地将它和一片相邻的碎片拼在一起，之前的那片拼图就消失了，不再作为一个碎片存在。……这两枚奇迹般拼接在一起的碎片就此合为一体，然后将继续成为差错、犹疑、沮丧和期待的源泉。

——乔治·佩雷克《人生拼图版》

目录

前言　最小限度的理论　　　　　　　　1

第一章　生之形式　　　　　　　　　　1

第二章　生之伦理　　　　　　　　　40

第三章　生之政治　　　　　　　　　88

结语：不平等的人生　　　　　　　139

注释　　　　　　　　　　　　　　149

参考文献　　　　　　　　　　　　170

译后记　　　　　　　　　　　　　182

前言　最小限度的理论

> 如果一个生命直接去满足它的使命，便无疑会错失它……思想等待着一次觉醒，在某一天被我们所错失的记忆唤醒，然后变成一种教导。
> ——西奥多·阿多诺《最小限度的道德》*

《最小限度的道德》（*Minima Moralia*）是西奥多·阿多诺题献给挚友兼同事马克斯·霍克海默的作品，大部分完成于第二次世界大战时期其远赴美国期间。在这部著作的开头，他以略带苦涩和怀旧的口吻，提及"曾被哲学家们看作是生活的东西"。[1]他继续写道：在现代社会中，物质生产实际上已经将人的生活缩约至"类似于附属物的地位"；在消费发生的场域内，只有"生活的表象"，甚或

---

*　阿多诺该部著作国内常译为《最低限度的道德》，也有学者提出"道德初阶"和"小伦理学"等替换性选择。——译者注

是"对真正生活的讽刺"。在这样的情形下,阿多诺所指称的当代思想家们的"忧郁的科学"——尼采所谓"快乐的科学"的反讽——"关乎自古以来哲学的题中之义……而今却备受冷落并被肆意嘲讽,最终无人问津:如何教人过好一生"。在此我们需要注意:德文 das richtige Leben 翻译成法文为 juste vie,这个词语同时有"好的人生"与"善的人生"两层意思。这正向我们说明了道德哲学核心处的一种语义学张力,即如何协调对自我与对他人的伦理关系。

作为法兰克福学派第一代中最杰出的人物,也是所谓"批判社会理论"的创始人之一,阿多诺悲观的看法敲响了"完满道德人生"的丧钟——无论我们阐释这个词为真、善或美好,所余下的唯有一个"异化了的形式"。阿多诺在这部作品中试图思考当代世界最为平凡的现实和普通的事物,以一系列短小的警句来揭示种种人生困境。这些沉思提供了拉埃尔·耶基(Rahel Jaeggi)所论述的"对于资本主义作为一种生活形式的批判",亦即不但将资本主义看作一种不平等生产关系,更揭示它作为一种堕落的存在。在耶基的论述中,阿多诺的反思提出了"一种伦理学以及一种对于伦理学本身的批判"——另类人生的可能性,以及将其付诸现实的不可能性。[2]确实，阿多诺对于当代文化实践刻意地进行断片化的反思，也是在提出这样一个问题，亦即，以什么样的社会与政治条件为前提，才有可能去建立一种"更值得人类"的新秩序。同时他也承认，我们距此目标还很遥远，因为"我们对生活的看法已经变成了一种意识形态，它掩饰了真正的生活已不复存在这一事实"。阿多诺的绝望因其诞生于纳粹德国毁灭的阴影之下而显得更加强烈。

在《最小限度的道德》出版后，六十多年已经过去了。而资本主义——我们现在甚至鲜少提起它的名字，而更多地用"新自由主义"（neo-liberalism）这一模糊的委婉称谓代替它——显得比阿多诺写作此书时还要成功，甚至所向披靡。与此同时，第二次世界大战及其所带来的种族灭绝战争中的悲惨教训，在阿多诺那代人的思想中投下深重阴影之后，则在今天显得日益淡漠，取而代之的是身份政治（a politics of identity）的大行其道，以及威权主义倾向的抬头。乱世所带来的暴力与不确定性正在将各式各样的排他与压迫行为合理化。借用诗人 W. H. 奥登同样在二战结束后写下的诗题，各种令人担忧的现象昭示着一个新的"焦虑的时代"（Age of Anxiety）正在到来。[3]这些民主政治生活的起起落落也正在以各式各样的、不平等的方式影响人们的生活。换句话说，《最小限度的道德》在我们的时代丝毫没有失去它的重要性，虽然其中的具体分析需要根据当代的现实作出调整，才能更好地重新理解它副标题中"被损害的生活"之涵义。我们需要再次强调阿多诺思想中的一个悖论：二战以及纳粹种族灭绝政策所带来的破坏如此巨大，他却像米盖尔·阿邦苏尔（Miguel Abensour）所说的那样"选择从小处着手"（the choice of the small），这正是与他"反叛战争与毁灭的世界"的态度分不开的。[4]因此，他为自己的书取了一个不能再小的题目；因此，他将目光转向个体的独特性；也因此，他坚持哲学应该是一种捍卫生命的学问——不管目标是真、善或美好。

在本书中，我主张一种与阿多诺不同的取向，把个人重新放置于社会和世界当中："社会"指的是那些构成了个体的人际关系空间；"世界"则指的是个体所经过和移动的、覆盖全地球的空间。如果说阿多诺所关注的是伦理学意义上的人的主体所受到的干扰，我在本书中则试图理解政治性的社群所经受的磨难。阿多诺专注于询问文化如何发展变动，而我则聚焦于结构性的事实。因此，与他对各种生活方式的批判不同，我提出一种针对如何对待个人以及群体生命的批判，特别是那些当代无数人们所经受的、极其脆弱和不安定的生命。我的问题不是"我们如何生活",或者"我们**应该**如何生活",而毋宁说是,我们如何评价作为一个抽象概念的生命?又如何为作为具体现实的人生赋予价值?对宽泛意义上的生命赋予极高价值,却又贬低某些情形下的一部分人生——这两者之间的落差或矛盾冲突,指示着当代社会中"生命的道德经济学"(a moral economy of life)。

"道德经济学"在这里包括价值以及情感的生产、流通、挪用以及争论等所有过程。这些价值和情感可能围绕着某种事物、某个议题或更宽泛的一种社会现实(例如我们在此关注的人的生命)而展开。这个概念一方面来源于 E. P. 汤普森(E. P. Thompson)对十八世纪英格兰粮食暴动的著名分析,他通过农业劳动者的道德经济学(什么样的通行规范和社会义务观念主宰着他们对生活的期待,以及所作出的生活实践)来解释这一历史现象。另一方面,我也借鉴了洛兰·达斯顿(Lorraine Daston)对十七世纪知识生产的研究,她在自己的解读中强调了科学的道德经济学(或者说是学者们所共享的价值和情感)。[5] 但是我的论述在几个关键点上与他们不同。和汤普森相比,我认为道德经济学的分析不应该单纯局限于货物和服务的领域,而可以延伸到任何社会构型（social configuration）的讨论中，只要这些构造可以用来描述世界中的道德现状：人类社会看待以及对待生命的方式能够用于进行最有效的分析。和达斯顿相比，我对于知识界如何在一种稳定的秩序周围构建共识不是最感兴趣，而更关心这些价值和情感如何随时间变动，以及它们之间如何产生紧张感或竞争关系。抽象意义上的生命如何受到重视以及具体的人生如何被赋予价值——我讨论的核心就在于追踪这些问题的演化与矛盾之处。此外，虽然汤普森从来不吝于表达自己的道德立场，我在对道德原则和情感进行分析时则试图去揭示和阐释，而避免褒贬它们。达斯顿将价值观和情感解读为一种文化现象，而我则尽力去理解它们的生产、流通、挪用与误用以及争议背后深层的社会思考和权力关系。我在此讨论的道德经济学并不是某一个特定社会群体或者领域固有的现象，而是在特定历史时刻、特定社会中被当作合理的道德经济学。这样看来，阿多诺所感叹的日渐消蚀的当代人生恐怕从来没有被如此多样和相互矛盾的道德包装所裹挟着。本书的主旨即在于以一种上文所界定的理解，对生命的道德经济学进行一些探讨。

但是，当我们谈论生命时，我们真的知道自己在说什么吗？因为这种种不确定性，我们需要首先考虑这个词语本身的意思。

"生命，一个不能再熟悉的词汇。如果追问它到底什么意思，可能会让人觉得这是种挑衅"，约翰·洛克（John Locke）写道。他话锋一转，"然而，如果我们问：一颗植物的种子有生命吗？一枚卵子形成的、还未发育的胚胎有生命吗？一位晕厥过去、失去感觉一动也不动的男子还活着吗？可见，并没有一个清晰、稳定而明确的意思附着在生命这个如此常用的词语上"。[6]对洛克而言，首要的问题是去确定生命的边界：从种子或卵子中的源起暧昧不明，围绕这一议题今天仍存在着关于自主终止妊娠的辩论；在无声无息中失去意识的死亡亦难以界定，例如后世关于脑死亡认定的争议。

然而，我们可以从另外一个层面去理解试图对生命加以定义所带来的问题，即这个词语本身的多义性。它同时代表了以下意思：一切有机体所共有的一种特质；一系列生物现象；从生到死的时间区段，以及在此期间发生的所有事件……还有它作为同义词和隐喻所生发出来的各种用法，例如伟人的"生平"或是事物的"生涯"等。在所有这些用法中，我们所说的都是同样的生命吗？一个人的生命与组成他/她身体所有细胞的生命之总和，是同一尺度上的事实吗？当然，在日常生活中，我们的语言不会纠缠在这些复杂的情形中。虽然它的用法纷繁多面，例如"生命科学"（life sciences）、"预期寿命"（life expectancy）、"乡村生活"（life in the country）或者"观念的生命"（life of ideas），大家却都能明白彼此在说些什么。而哲学家们则不是这样，他们似乎无法去尝试考虑生物学家视野中的"生命"究竟如何与小说家笔下的"生涯"相互联通。

乔治·康吉莱姆（Georges Canguilhem）对这个问题阐述得很清晰："即使是今天，也许我们仍然无法超越这个最初的想法：任何能够在出生与死亡之间的历史跨度中被描述的、经验层面上的零散信息，就可以说是活着的，并且构成生物学知识的对象。"[7]这个看似足够简单的定义，实际上将若干异质的元素拼合在一起，产生语义学的张力。知识与经验、生物学与历史：或许这就是生命内部最重要的二重性。汉娜·阿伦特也在《人的境况》*中指出："就人受生物生命的驱动而言，它与其他生物同样永远遵循着自然的循环运动；但由于人的生命又被一个开端和终结所限制，即被两个终极事

---

* 以下引文参考王寅丽译文，上海人民出版社，2017年版。——译者注

件——在世界上的出现和从世界上的消失——所限制,从而它又遵循着一种严格的线形运动。人特有的生活的主要特征是,不仅它的出现和消失、生和死构成了世界性事件,而且他一生当中也充满了各种事件,这些事件最终可以讲述为故事,或写成自传。"[8]自然的往复循环与世事变迁,生物性的生命与传记生平中的生命:这两条线索所建构的人生,总是同时在物质维度上被提前预定了命运,却在具体的生涯中充满不确定性。前者将人类纳入到万物生灵的巨大群体中,与动植物为伍;后者则将人类尊为万物之长,因其拥有意识和语言的特殊能力。

我们应该如何去破解这样的二元主义?同时去思考生物学意义上和传记意义上的人生是可能的吗?两千年以来,哲学家们孜孜不倦地试图攻克这个问题。有的尊崇亚里士多德的学说,将人的生命看作获得了勃勃生机的物质;有的追随笛卡尔,认为生命是一种产生运动的机械构成;康德则认为生命是能够自我维护的有机体。因此,整个哲学史经历了这样一个过程,即从活力论(vitalist)演化到机械论,最终达到以有机体作为理解和再现生命的基本手段,所关注的介质也从灵魂或气息过渡到肌体和体液,再到器官与内环境。然而,每一种理论解读都是为了去追问"活着的"和"人类的"两者之间的关系,也可以说成是前者的基础设施与后者的上层建筑之间的关系。特别是在黑格尔的思想中,生命是"一个过渡性的概念,它将自然的领域和自由的领域联系在一起",托马斯·库拉纳(Thomas Khurana)这样评价。[9] 人类虽然受到生物学因素的种种限制,但可以通过自组织的过程去产生自主性,进而获得去追求和实现人生道路的可能性。

和这些早先试图阐明生命二重性的思想理论相比,这两重意义之间的对立在二十世纪的论述中变得尖锐和固化,近些年来尤甚。这导致生物学与人文之间的分歧变得似乎无法逾越。

首先来看看生物学领域对生命现象的讨论。二十世纪中叶,薛定谔的量子力学理论对生物学研究发生了似乎不可思议的影响,彻底改变了它的研究尺度和视野。[10] 从此之后,由物理学者变成的生物学者将分析和研究下潜至分子层面,借鉴了热动力学的方法论,原子结构成为一种能够无尽变化的代码,使得生物多样性成为可能,并从无序的熵中生成秩序。仅仅若干年后,DNA 双螺旋结构的发现验证了这一理论,并成为一种全新生命观念的基础,它将生命看作信息及其无尽的复制过程。又过了半个世纪之后,对人类基因组的解读让这种生命观更为精细和准确。即便是当代蓬勃发展的表观遗传学(epigenetics)也未能彻底挑战这一研究范式,因其对环境影响基因遗传的测量和阐述仍然是通过调节基因表达的同一分子机制而进行的。换句话说,作为当代生物学的两股重要分支,生物化学和生物物理学一直致力于产生以生命分子化(molecularization)为前提的理论,虽然它们并不排斥采用能够处理更高复杂性的系统论的方法(例如研究多种微生物相互作用构成的群体)。[11]

与此同时,当代对生命起源的研究聚焦在两个方面:在前寒武纪最早出现在地球上的生命,以及对地外生命迹象可能性的追寻。此类研究试图去理解无生命的分子如何能够生成大分子有机物,获得自我复制的能力并生成核酸,以及从现有地球生物中获得多肽质谱图库(spectral library)。一方面,微生物学试图寻找现存所有细胞的"最后一个共同祖先",以及导致它不断变化的环境条件。另一方面,天体生物学致力于鉴定"可能具有生命迹象的气体",用来预测太阳系外其他星系中行星上存在生命的可能性。[12]在这两个领域里,科学与普通人们的想象相遇并融合在一起:人们梦想着发现生命终极起源奥秘的那天,或者和地外生命相遇,即便只是微小的分子，而非肉眼可见的存在。而这些梦想也使得更多的研究经费源源而来。简言之，生命科学在二十世纪经历了一个由推测到实验测量、由宏观到微观、由个体到分子的巨大转变，而这一切都使得我们对生命的理解逐渐归于其最基本的物质组成单元——由原子组装起来的构件。与此同时，生命现象却也在时间和空间尺度上被大大拓展了：人类的渺小存在消融在一个巨大的、由分子组构成的时间-空间网络之中，它最早出现于数十亿年前，并可能延展到无尽宇宙中的任何一个角落里。

而传记叙述意义上的人生在近代的历程则迥然不同，更加碎片化和不连贯。然而我们可以找到若干个关键转折点（例如小说在文学史中的兴起），以及一些特征性的趋势（例如对于如何书写个人和群体生命日益焦虑的追问）。一方面，十八世纪以来的小说写作，开始不仅将生命视为一个有意思的话题，而是一种"可疏离的事物"，如海瑟·基恩利塞德（Heather Keenleyside）在讨论《项狄传》时所论述的那样。[13] 在小说中，人的一生呈现为一系列或多或少连贯发生的事件，在此过程中，各个角色的主体性逐渐成型。我们可以从简·奥斯丁的世情小说、歌德的个人成长小说以及稍晚些时候巴尔扎克和左拉的伟大作品中看到这一点，作家们通过各个相关角色的人生故事来重新构筑某个特定历史时刻的人类社会。在它最为完整也最为极端的表达中,自传作品(例如普鲁斯特的《追忆似水年华》)成为生活本身,人的一生透过文学的创造性工作而被放大去审视:这也就是普鲁斯特所说的"真正的生活",那因为风俗或习惯的局限而被我们不加注意就忽视的生活。[14]另一方面,在社会科学的起源阶段,人生叙事就在各个学科的理论和方法学中起到了重要作用,例如威廉·托马斯(William Thomas,1863—1947)和弗洛里安·茨纳涅茨基(Florian Znaniecki,1882—1958)在他们的移民社会学研究中讲述一个波兰农民的生平事迹,以及奥斯卡·刘易斯(Oscar Lewis,1914—1970)人类学著作中墨西哥家庭的奋斗史。[15]特别是二十世纪八十年代以来,对结构主义的批评与女权主义和后殖民研究合流的大背景下,人类学以及其他学科中要求重新认识个体生命以及个体视角中的历史、真相和语言的呼声日益强烈。[16]所谓"叙事转向"(narrative turn)其实也就是一种主体性的转型,学者不应该再代替"属下阶层"(subalterns)发声,而是要致力于让别人听到后者自己的声音。这对历史学家构成了格外严峻的挑战,因为历史上的"属下阶层"大多都未曾在档案资料中留下半点痕迹就消失了。[17]又几十年过去了，对于生命叙述及其与真实生命本身等同的假设也面临新的危机：不仅在文学领域出现了贝克特对叙述形式的解构，在社会科学领域，布迪厄也对"传记幻象"（biographical illusion）提出了挑战。[18]以完整形式被讲述的人生，成为了被怀疑的对象。

至此，我们追溯了两条理解生命的线索。为了清晰起见，而不是追求分类学上的完美，让我们暂时称前者为自然主义的生命，后者为人文主义的生命。我之所以试图简短地描述它们的近代发展历程，是为了说明这两条线索似乎渐行渐远，至少在表面上看起来难以调和。生物物理学家所研究的生命，似乎和小说家所想象的生命没有半点关系，尽管一些作家确实尝试将生物学元素纳入他们的创作理念中，而一些生物学家也尝试着涉足文学——并不都十分成功。太空生物学家所寻找的那些代表生命存在痕迹的分子，和社会学家日常打交道的讲述自己生平经历的人们也似乎全无交集，尽管对地外生命的寻找也包括了对人类以外的其他智能形式的兴趣，而一些社会学家也开始将研究的兴趣转向生物实验室本身。我们离亚里士多德、笛卡尔、康德甚至黑格尔所致力于解决的问题越来越远。事实上，在汉娜·阿伦特和吉奥乔·阿甘本的哲学论述中，引入了希腊语中表示"仅仅是活着而已"的人生（zoë）和拥有丰富、充实意义的人生（bios）之间根本性的隔阂。这或许可以看作一个政治性的姿态，表明那些试图在同一个词汇之下联通这两种生命观的做法是不可能的，甚至是危险的。[19] 阿伦特和阿甘本认为，丰富和充实的人生逐渐被"活着"这一简单事实取代，这是当今世界中广泛存在的一种严重的危机。

在这里，我们也必须承认，近代以来最后一波试图在哲学上联通生命观的两个维度的努力——也就是德国二十世纪初的所谓"生命哲学"（Lebensphilosophie）——在认识论和伦理学层面上都存在很严重的问题。[20] 这套由路德维希·克拉格斯和阿尔弗雷德·伯伊姆勒共同建构的理论体系来源于狄尔泰的生命诠释学，并从尼采的活力论和约翰·雅各布·巴霍芬的文化演进阶段论中汲取灵感。它的古怪之处在于一方面将生命的非理性力量加以审美式的颂扬，另一方面坚持去宣传教化大众何为好的人生。"生命哲学"在当时吸引了一大批包括瓦尔特·本雅明在内的德国知识分子，却也直接影响和哺育了纳粹党的种族政策，特别是在其主要人物在纳粹政权中出任重要公职之后。这套"生命哲学"明显是阿多诺在《最小限度的道德》

中所着意批判的对象之一:他将其看作一种漠视真实生活的意识形态。因此,如果想要将自然科学领域中的生命与个体经验层面上的生命相调和,我们显然不应该再去重复这条反智与反现代性的道路。

既然作为概念的生命如此起落不定,那么在何种意义上我们还能够想象或者说应该去追寻一种"生命的人类学"(anthropology of life)?让我们从一个表面上的悖论说起。虽然人类学家对于访谈对象的人生总是抱有强烈的兴趣,不管是生活方式还是生平叙述,他们却鲜少将这些生命本身当作一个特异和正当的对象去研究。在共时性研究中,人们的生命在一个文化共同体中绽放;在历时性研究中,人们在叙述中重构自己的生涯。他们为人类学者提供了分析亲缘关系、神话、社会结构、宗教实践以及政治机构的实证研究素材。即便在最为贴近个体的传记写作中,研究者的注意力也主要集中在如何去理解人生轨迹、具体处境,以及个体情感上,而极少将生命本身当作一个同样重要的对象去认知。生命仅仅起到了一种媒介的作用,使得学者得以到达某些概念和事实,以便于他们对社会进行更好的描述与阐释。

近年来,人类学家们开始将生命本身当作研究对象，主要从如上所述的自然或人文视角入手。一方面，在所谓的"科学的社会研究"（social studies of science）语境下，很多学者开始关注生物学、物理学甚至信息科学研究中所探索的生命现象，已经产生了大量针对生命科学领域的知识、实践与物质文化的人类学研究。聚焦探讨的话题包括基因组学与表观遗传学、干细胞研究与细胞凋亡、可遗传的性状与再生医学、对人工智能的开发，以及神经科学在犯罪学中的应用等等。[21] 换句话说，他们试图对最前沿的生命科学研究加以理解和阐释。另一方面，在更为传统的社会和文化人类学领域内，近期有不少发表的著作是基于个人生平经历，那些生存的平凡细节，并且通常将目光投向全球那些受到贫困、疾病和灾难困扰的地区。所涉及的主题包括巴西贫民区中儿童的夭亡、印度农村的穷人、巴拉圭阿约雷奥（Ayoreo）土著人的困境、加拿大北部因纽特族群中的自杀问题、塞拉利昂内战带来的创伤与失落，以及美国海外战争中归来的受伤退伍军人心灵的苦难等等。[22] 在这些研究中，生命通常不只是被从当地男人和女人的经历这样一个主观维度来呈现，这些研究还关注那些使社会得以对待和形塑生命的客观条件。只有医学人类学中的少数学者曾试图合并自然主义与人文主义的视角，将疾病这一现象看作生物学与传记写作的交叉路口。[23]除此之外,这两条理解生命的线索在人类学中仍然大抵保持平行而不相交。

以上提到的这些研究取向仍然未能勾勒出"生命人类学"的大致轮廓,而毋宁说是"生命科学的人类学"以及"人生经历的人类学"两回事。然而,最近有一些研究开始另辟蹊径。第一类工作可以说是现象学的(phenomenological)。为了反驳一种将生命视为有唯一起点和终点的现象,蒂姆·英戈尔德(Tim Ingold)提出"让人类学回归生活"的可能性,认为人生"是无尽展开,而非闭合的",生生不息,死不是生的终点。[24]每一个人是自己人生的制造者,因此也是历史的制造者;而历史则交缠在漫长的生命演化过程中。因此,他将生命看作嵌入不同时间尺度中的线条,万物都在时间中完成自己的旅程。人类学家的任务则是去记录和解释这旅程的重要性,解释人们在生涯中如何认知世界、与环境建立联系、进行物质生产,以及创作故事、走、呼吸、思考。第二类工作是本体论的(ontological)。埃德瓦多·柯恩(Eduardo Kohn)试图挣脱"人类学"这一学科命名的词源学上的限制,提出一种"超越人类的人类学"(anthropology beyond the human),亦即将人文主义的视角去中心化。基于这一理念，他在亚马逊地区进行调查后得出了这样的结论："狗会做梦"，还有"森林会思考"。[25] 柯恩认为，人类对世界所作的再现（representation）并不一定是认识世界的唯一方式，而只是占据了世界中的一个特殊位置。这种"生命的人类学"坚持一个前提，即将一切存在于物理环境或精神领域的生灵同等看待，去承认他们能够通过符号去建立彼此之间的关系，并拥有独立于人类的表意能力。与那些主张动物权益或环境保护的行动者所捍卫的道德哲学和政治生态学原则不同，柯恩并不是主张一种伦理学上的立场，而是提出一个认识论上的预设，它迫使人们换一种方式来理解世界。第三类工作则是文化主义的（culturalist）。在"将生命当作对象"（take life as object）的口号下，佩里克·皮特乌（Perig Pitrou）邀请人类学者去"研究不同的人群如何看待生灵的官能特征，以及他们如何去论述生命现象的动因"，因为"每个文化都有自己独特的方式去区分和归类生命现象的元素和过程，包括在人的身体中或是周遭环境里观察到的"。[26] 具体来说，皮特乌主张"系统地去审视在地文化体系中关于生长、繁殖、衰老、伤痕和适应的概念"。不去将生命还原为某种"在个体之间循环往复的物质"或者"可供观察的特征或行为",而是去注意"那些使得人们能够去理解这些现象来源的潜在理论"。这种让人联想到民族学的取向很容易发展出比较研究的可能性,从而对西方中心的生命观作出挑战。在这三种框架之外,也许还可以加上米歇尔·福柯提出的"生命政治"(biopolitics)范式,但如下文所述,我认为福柯的"生命政治"并不是如字面意义所说的"生命的政治"(a politics of life),而毋宁说是对人群的治理(the government of populations)。

我们很容易看清,以上所述的三类研究虽然都想要建立一种"生命的人类学",但他们的出发点和理论预设却大相径庭,甚至相互矛盾。恐怕更有问题的是,他们虽然力求创新,却或多或少地都忽略了人生而为人的特殊性,亦即生物特性与生平经历之间存在的张力,以及人所属的社会文化世界总是因时因地而异。举例来说,上述现象学的研究路径将生命书写在演化历程的长河中,并在去社会化的前提下抽象地描述生命的运动、形式及其所处的空间。与此类似,本体论的研究路径则本着去人类中心化的世界观将所有生灵纳入视野内,却以纯粹符号学为借口去逃避作出任何历史的和政治的分析。最后,文化主义的研究推崇那些能让人们去解释各种生命现象的地方化理论,却重视再现多过于实践，概念框架多过于道德考量。因此，任何试图以高屋建瓴的方式去搭建一种生命的人类学之努力恐怕终究会归于失败，或者干脆放弃去关注生命之中的人性——那从有生命的肌体和活生生的经历中生发出来的带有历史、政治和道德维度的人生。我想，一定是出于类似的考虑，维娜·达斯（Veena Das）和克拉拉·韩（Clara Han）合作主编了一套以生与死为主题的文集，均衡地收入了不同学者的作品，用以"追踪那些人类学对生命研究的探索中多岔的路径，以及生如何以具体切身的方式与死亡相连接"。[27]这部文集收录的研究来自各个不同的领域，包括生物医学与生命政治、怀孕生产与儿童的收养问题、苦痛与自杀、疾病与死亡，以及伦理学与宗教研究等。

　　与其创作一幅复杂的镶嵌画，不如把这个问题想象成几块简单的拼图，它们彼此调适，相互补足，构成自洽的图像。像乔治·佩雷克（Georges Perec）在他的小说《人生拼图版》序言中提到的那样，拼图是一种"薄的艺术"，"单独来看，一枚拼图的碎片什么都不是"。但是，"一旦你成功地将它和一片相邻的碎片拼在一起……这两枚奇迹般拼接在一起的碎片就此合为一体"。[28]这也是佩雷克自己所应用的方法，在这部小说中，他缓慢而耐心地重新构筑起巴黎西蒙-克吕贝里埃街 11 号一幢公寓楼中的居民们各自不同的人生，所得到的结果不是"若干元素的简单加和"，而是"一种纹理，或者说一种形式、一个结构"。最终，"每个部分不能决定整体的纹理，而是整体决定部分"，而且"每个碎片只有在全部拼合起来之后才能够被解读、拥有意义"。然而，虽然拼合在一起，拼图的每一片都仍然保留着对自己各个面相的记忆，那纤细的边缘线条在拼好的图像中仍然清晰可辨。我们可以在它不寻常的法文版副标题中看到这种复调性：Romans-小说。

在本书中，我试图在探讨生命多重维度的同时，去寻找一种较为统一的呈现方式。因此，我的分析包括三个观念性的元素：生之形式、生之伦理、生之政治。每个章节都揭示人生在人类学意义上的一种事实。虽然历来的评论家多有分歧，但维特根斯坦所提出的"生之形式"（forms of life）着力于探讨各个特异的存在以及人类共通之境遇之间存在的紧张感。当代的难民以及移民的经历为此提供了一个悲剧性的写照。与希腊哲学中"符合伦理的生活"（ethical life）概念不同，"生之伦理"（ethics of life）试图延伸本雅明对于生命被神圣化、成为至善的反思。人道主义的最高原则要求我们去救助那些被灾难、瘟疫、饥荒和战争威胁的人们,然而它却与在战场上以自杀袭击或绝食的方式舍身取义的信条针锋相对。最后,我将福柯的"生命政治"——一个富有深意却从未被后人充分阐发的概念——改成"生之政治"(politics of life),去探讨当不同的生命被根据社会类别赋予各异的货币化价值或是某些人命被认为比其他人命更宝贵时,抽象的"生命无价"观念如何与实际情况发生冲突。

如果真的像佩雷克所说的,整体图样决定各个部分而非相反,这三个概念背后的理论框架或可归结于我对当代社会中的人生际遇进行的反思,而所有反思都指向同一个主题:不平等。它使得我们可以将生物学与人物传记相连接,也把人生的物质层面与社会层面——也就是说自然主义与人文主义意义上的人生——相连接。既然营造一个统一的"生命人类学"是不可能实现的任务,因此本书毋宁说是一种人类学的创造性探索,将三种元素像拼图一样组装在一起,去呈现一幅图景:人生之不平等。

生之形式、生之伦理、生之政治:这三个概念分别来源于各异的哲学传统,并被原汁原味地引入到社会科学当中,特别是人类学。我的分析自然与人类学领域最为切近,但我也将试图与多年以来伴随我学术历程的哲学家们进行不间断的对话。这种跨学科的写作诚然是一种细致而精妙的练习，它必将导致一些误解，我将试图列出这些可能的误解并尽量澄清我的本意。[29] 一种知识体系中的概念无法被原封不动地应用到另一个体系中，而不幸的是，社会科学中充满了对哲学概念的误用，既容易篡改实证研究结果，也扼杀理论反思。这或许可以说是对哲学原著最为不忠实的态度了。

因此，我们或许可以把学科之间的挪移比作两种语言之间的翻译。在文学翻译中，人们通常容许一定的诗意发挥空间，甚至是文学上的暴力，如菲利普·刘易斯（Philip Lewis）所说的"反常翻译"（abusive translation）——尽管他也指出，这个英文短语在词源上带有一种暴力的暗示，而法文 *traduction abusive* 更多地带有"无法遵守规则"的意思。[30] 既然如此，如果我们想要在哲学和社会科学之间架起一道有效的桥梁，我们如何能够在对物化（reified）概念盲目遵从和任意篡改之间找到一条中间道路呢？乔治·斯坦纳（George Steiner）提出，翻译的"阐释学运作"（hermeneutic motion）包括四个层面：信任——它承认彼处存在着值得去理解的事物；好斗心——它表现在为了追寻这样的理解而去萃取意义的过程中；涵入——意义在新的语境中被大致同化；最后是复元——去试图抵偿翻译过程中发生的暴力和失落的意义。[31]斯坦纳所关注的主要是文学翻译,而我们对哲学理论的理解和挪用也涉及同样复杂的逻辑,可以看到跨学科交流过程的各个面向。就像赠送和回礼,或者如同精神分析中的移情和反移情一样,某种程度上的背离原意反而成为我们能够对原作者表达的最高敬意。

怀着这样的心情,我将要对"生之形式"进行重新阐释,从"符合伦理的生活"转向"生之伦理",并将生命政治改写为"生之政治"。在这个过程中,我将会尽量去检视每一种理论的来龙去脉,然后再以我自己的实证研究为基础去接触和使用它们,试图得出相异和互补的解读。这种研究方法因此可被看作一种对概念的试用。二十多年来,我在撒哈拉以南非洲、拉丁美洲和欧洲各地开展了多种民族志研究。在本书中,为了前后一致,我将主要聚焦于南非与法国之间的比较,选择那些能够揭示人生重大问题的场景、局势和叙述。我也会援引族谱学、历史编纂学、社会学和人口学的研究,尤其关注这些方法论如何通过与社会科学的交流,为后者提供实证的合法性以及理论的相关性。

第一章　生之形式

生命形成了一层表面，看似平静无奇，内里却波涛汹涌。

——罗伯特·穆齐尔（Robert Musil）《没有个性的人》

如何区分人的生命与动物以及更低等生物的生命？人的生命是否总是被千变万化的社会环境、文化背景或是所处的历史时刻所影响？换言之，我们如何同时考虑到人的生命与其他生命的共通之处，以及人群内部因时因地而形成的差异？前者消解了人的特殊性，而后者消解了人的同一性。至少从亚里士多德的时代开始，这一双重问题就占据了哲学反思的核心地位，将哲学多少等同于一种关于人自身的话语，或者说是一种人类学。近年来，这个问题伴随着路德维希·维特根斯坦对"生之形式"（form of life）的阐述在学界重新引起兴趣。

在维特根斯坦的遗作中，"生之形式"的概念通过几笔简单的勾画流传下来，却生发出若干重要的阐释流派，其影响近来更从哲学领域转移到人类学。维特根斯坦从语言哲学出发对人在世界中存在的思考因此在社会科学和人文领域获得了多样而难以界定的新意义。这些阐释之间存在的矛盾恰恰来源于对本章开头所提出的两个问题给出的不同回答：应该相对更为重视生之形式的不变之处和共性，还是关注它们的多变之处和文化特异性？生之形式是否归全部人类共有，还是因时因地而异？

我无意在这两者之间作出选择，而是希望以如下三种互补的方式去转移讨论的重点。首先，我试图将讨论的范围拓宽，将另外两位同样对生之形式感兴趣的哲学家乔治·康吉莱姆和吉奥乔·阿甘本的贡献纳入视野。其次，我将自然主义与人文主义之间的二分法置换为三对互相抵牾的概念，普世性相对于特殊性，生物性相对于传记性，规律相对于实践。最后，我将考虑这些论述与名词之间的对峙和冲突所产生的不和谐感，并将它看作一种有建设意义的对话而非无法逾越的矛盾。为了这个目的，我会将这三重调整之后的理论观照应用于我过去十年来在法国与南非所做的研究，去试图说明当代一种极其重要的生之形式,亦即"不得已的游牧者"(*forced nomads*),他们在不同的体系中被称为难民、移民、寻求庇护者或是没有证件的外国人。最后,我将提出一种理解"生之形式"的新框架,它与后文所讨论的"生之伦理"与"生之政治"更加契合。

米歇尔·福柯去世之前授权发表的最后的文字,是一篇题为《生命:体验与科学》的文章。[1] 这篇文章是福柯为《正常与病态》(*The Normal and the Pathological*)英文版所写序言的修改版本,收录在一组纪念乔治·康吉莱姆的特别期刊文章中,康吉莱姆是福柯在巴黎高等师范学院时期的导师。回顾二战结束以来的哲学思想流变,福柯发现,诸多理论上的争辩都可以归结于一个根本的分歧,即"一种关于经验、意义和主体的哲学与一种关于知识、理性和概念的哲学"之间存在的分歧。前者一方的代表人物例如萨特和梅洛-庞蒂;后者一方则包括卡瓦耶斯(Jean Cavaillès)、巴什拉(Gaston Bachelard)、柯瓦雷(Alexandre Koyré),以及康吉莱姆。福柯又提到:"毫无疑问,这道分歧由来已久,可以追溯到十九世纪",例如柏格森与庞加莱、拉什利耶(Jules Lachelier)与库图哈(Louis

Couturat),以及曼恩·德·比朗（Maine de Biran）和孔德（Auguste Comte）之间的分别。然而，看似矛盾的是，恰恰是那些"最为理论化、最喜欢作猜想、和当前的政治问题最为脱节的"哲学家们，在二战期间最为直接地投身于解放法国的抗争和战后六十年代的社会运动中，似乎"关于理性根基的探讨无法与对现实存在状况的拷问区分开来"。福柯接下来语出惊人："如果我们要在法国以外寻找与柯瓦雷、巴什拉、卡瓦耶斯和康吉莱姆的工作相对应的学说，那毫无疑问我们会在法兰克福学派那里发现它。"确实，在法国语境下，"一种希望获得普世性、却又总是在偶然中发展起来的理性"成为一个哲学命题，而在德国语境下，同样的问题则被解释为"一种理性，其结构上的自主性内部即包含了教条主义和暴政的全部历史"。在这两条看似相距遥远的哲学传统中，学者们不约而同地开始探讨知识形成的条件（conditions of the formation of knowledge）。在康吉莱姆的个案中，生命本身即提供了**关于生命的知识得以形成**的内在条件。"现象学者们喜欢让'体验'为一切知识行为提供最原初的意义"，福柯评论道。"然而我们难道不应该，或者说不得不在'活着'这件事本身当中去寻找意义吗？"难道我们不应该把这个命题调转过来，将获得知识的活动本身看作一种生命的真实形式吗?"概念的形成是一种生的方式,而非一种戕害生命的方式",因为"宇宙中的亿万生灵,都能够向环境发出信息,并且据此让自己获得信息……而概念的形成向我们显示,在这当中存在变革的可能性,不管你如何评价它,伟大或者渺小"。换句话说,生命本身无法与关于生命的知识分离开来,因为前者是后者得以实现的必要条件,而后者为前者赋予了意义。在去世前两个月,福柯为导师写下的这篇致敬文章以"生命"这个词作为结束。

让我们来看看康吉莱姆本人怎么说吧:他如何看待生命与生命知识之间的关系,以及由此而产生的生命形式?相隔十五年的两部作品以不同方式讨论了这个问题。[2]在第一篇文章中,康吉莱姆试图说明知识本身之外的意义:"以知为目的的知识,并不比以吃为目的的进食,以杀戮为目的的杀人和以发笑为目的的笑更合理,因为它肯定了任何知识必须拥有意义,同时又否定了知识除了本身之外的任何其他意义。"因此,知识生产需要一个它本身之外的理由:"我们欣赏的不是自然的规律,而是自然本身。""知识将生命的经验拆解开来,试图从失败中获取指导未来行动的理性……以及最终寻求一种成功的法则。"在他的论述中,"生命是成型的形式"(the formation of forms),而"知识是对有形物质的分析",它能够"帮助人们改造那些生活在他们本人存在之前、之中、之外带来的东西"。简言之,康吉莱姆认为,更好地理解生命是为了更好地把握生之形式,从而达到改善生命的目的。在第二篇文章中,结合生物学特别是遗传学的最新发现,他加深了对"概念与生命之间关系"的研究。这让他得以阐明和区别"至少两类问题",这两类问题取决于讨论的对象是"普遍性的物质组成"还是"一种特别的个体经验——人"。这两层生命维度对应着两种语法形式:"说到'生命',应该把它理解为一个现在分词和一个过去分词的结合体——'活着的'和'活过的'。"这两者之间存在着清晰的等级关系,具体的个体经验受到普遍性的、"更为根本的"物质组成的限定。确实,如果没有"活着的"生命物质结构,"活过的"生命体验也就无从依托。虽然康吉莱姆将毕生研究重点放在前者上,他却也从未试图将后者剥离开来。在他所想象的生命形式中,生命本身产生了生物性的(biological)知识,"在物质本身当中书写着的意义"——我们可以看到,他如何试图协调福柯所描述的两种哲学谱系,虽然并不将它们对等看待。"活着的"与"活过的"交汇之处,也就是科学与体验得以结盟的时刻。康吉莱姆认为，这并不令人惊讶，毕竟"难道关于概念的理论和关于生命的理论不是有着共同的岁数和同样的作者吗？"而且，"这位作者不正是将两者同归一源的人吗？"亚里士多德确实同时堪称逻辑学和自然学的鼻祖。"关于生命的概念就是生命本身""知识是反映在灵魂中的宇宙，而不是反映宇宙的灵魂"……在亚里士多德式的思考中，生命的两重性——有生命的物质和生命历程的体验——紧密地连接在一起，一端连接着所有人类所共有的生命结构，另一端连接着每个个体所独有的主体性存在。

然而，早于康吉莱姆若干年前，维特根斯坦却是从另一个全然不同的角度去讨论人生境况的困境，以及"生之形式"的问题。"生之形式"这个短语在他的《哲学研究》（*Philosophical Investigations*）中仅仅出现了五次，并不像是一个特意设计出来的概念术语。[3] 根据琳恩·鲁德·贝克（Lynn Rudder Baker）的研究，这并非一个缺陷或是不小心的结果：因为如果要对"生之形式"这个短语去做理论上的阐发，势必需要一些恰恰是从生命形式本身当中生发出来的工具，但这些工具也因此而不能用来分析生命形式本身。因此，贝克写道，"维特根斯坦不曾，也不会去把'生之形式'用作一个理论上和解释性的概念"。[4]因为没有权威的定义去澄清其内涵,"生之形式"获得了多种阐释的可能性。一般来说,我们认为它指的是人类对日常语言(ordinary language)的认同,这使得人与人之间在大多数情形下得以共享某些理解。然而,将这种"认同"性质归类为不变的还是可变的,学者们得出了截然相反的解释。凯特琳·埃麦特(Kathleen Emmett)写道:"维特根斯坦关于'生之形式'的评论有两种针锋相对的解释,其区别在于认为一切人类具有相同的生之形式,还是认为文化与历史上的因素可能导致差异。"[5]她将前者称为"超越性的",并试图加以批判;将后者称为"人类学的",并表示支持。"人类学的"这个术语来源于乔纳森·里尔(Jonathan Lear),但他持相反观点,认为生之形式超越了具体性描述,因此无法通过社会性的调查去理解它,而需要"非实证性的洞察力"才能把握。[6]这些争论事实上也取决于他们如何理解"一致"(agreement)这个概念本身,而这恰恰是维特根斯坦原意的核心:"人类……在所使用的语言方面达成一致。这并非是一种看法上的一致,而是生之形式上的一致。"讽刺的是,维特根斯坦作品的评论家们恰恰是在这样一个用来试图反思人和人之间如何达成一致的概念上无法达成一致。我们也可以说，这并不与维特根斯坦的意思冲突，因为这些学者用来表达这些分歧意见的语言仍然是共通的。

从这个分歧出发，我们来逐一审视这两条看似不能相容的关于"生之形式"的思想脉络。在伯纳德·威廉斯（Bernard Williams）看来，生之形式必然是单一的，因为让一群人得以理解另一群人的实际行为之前提就是，他们必须将"别人"已经看作"自己人"。[7]因此，相对主义的态度是荒谬的，对"生之形式"进行任何形式的研究也是不可能的："我们的语言是这样的，我们生存的世界也就是这样的——这些都是超越性的事实，它们没有经验性的解释。"我们的存在被笼罩在某一种生之形式之内，也因此而无法去想象其他的可能性；即使这种另类生之形式真的出现，我们也无法辨认和理解它。与此相反，斯坦利·卡维尔（Stanley Cavell）认为生之形式是复数的，取决于不同的语境，在这些语境中，人们试图在自己的日常语言范围内去理解彼此，通过语言交流或是身体动作等。[8]这关乎"我们共享兴趣和感觉的途径、作出反应的模式、幽默感、对什么是重要和令人满足的判断、什么让人发怒、此物与彼物如何相似、什么是拒绝或原谅，以及什么样的表达是一种强调、请求、或是解释"。卡维尔认为，"人类的语言和行为、理智和社群性，都唯一取决于此"。因此，生之形式是我们在给定的语境下得以去分享意义并共存于同一世界的前提条件。人类学家——以及大多数社会科学学者——倾向于更加认同卡维尔而非威廉斯的主张。这并不奇怪，因为卡维尔的版本似乎对文化差异抱有更加开放的认同感，并保留了克服差异的可能性。同时，它还维护了实证研究的必要性和重要性，这当然也是社会科学实践的核心所在。我们甚至可以在维特根斯坦所提出的思想实验中去找到支持他们的证据[9]："当我们应用民族学的研究方法时，是不是在把哲学等同于民族学？答案是否定的，因为我们只是将自己置身于事外，好去获得更加客观的视角。我最重要的方法之一就是去想象一种与事实不同的观念史。"因此，对"日常语言"作出深刻阐释的维特根斯坦似乎告诉我们，至少在我们的想象中，我们是可以接近另一种生之形式的。而这也正是人类学家们所从事的事业，只不过他们的工作是在现实世界中通过与他人的接触和互动而进行的。

表面上看来，康吉莱姆和维特根斯坦之间的距离似乎不能再远了。他们对"生之形式"意味的不同理解之间，似乎不可能产生任何有启发的碰撞。

前者所阐述的是物质的有机组成,而后者则着眼于达成相互理解的条件。前者写道,"生命是有生命物的形式和力量"。后者则强调,"去想象一种语言也就是去想象一种生之形式"。[10]两人都使用了"语法"的概念去阐述生之形式,然而康吉莱姆的"语法"书写在人类基因组编码当中,用来保障生殖繁衍顺利进行,而维特根斯坦则认为它是一种约定俗成的习惯,使得人们能够通过语言沟通。生之形式的意味寓于生物的结构之中,抑或语言游戏之中?这两个思想世界之间似乎隔着不可逾越的鸿沟。有意思的是,这个理论上的分歧在人类学领域中也有相应的投射,可以通过英文中的双重表达"生命形式"(*life form*)以及"生之形式"(*form of life*)的细微差异来理解(法文 *forme de vie* 或德文 *Lebensform* 则难以传递这一区别)。关于"生命形式"的研究开启了所谓"多物种人类学"(multispecies anthropology)的全新领域,其研究兴趣囊括了从灵长类到蜜蜂的动物和森林、园圃中的植物。而关于"生之形式"的研究则多关注暴力与苦难,这些经历被看作是对人类之人性的终极考验。[11]在当代人类学中,我们随处可见这样的自然主义与人文主义之间的二分法,而它们之间的张力则正是人类的栖身之地:前者呼吁社会科学领域的一场思想革命,去想象一个"后人类"(post-human)的时代;后者则捍卫人类的伦理学优先性——这一辩论的道德和政治含义远远超出了专业社会科学研究的范畴。

然而,康吉莱姆和维特根斯坦解读中的生之形式——生命结构或是语言游戏之间的鸿沟——真的如此难以逾越吗?事实上,如果我们关注他们的思想路径而非各自明确给出的阐释本身,就可能找到某种交汇点。两人确实都试图去调和生之形式的两个相反的面向:对康吉莱姆来说,是物质与体验;对维特根斯坦来说,是超越性和具体的语境。我们可以在康吉莱姆的著作中很清晰地看到这个企图,而维特根斯坦则从未将这一层挑明,从而导致如前文所述的各种相互矛盾的解读。我们可以在斯坦利·卡维尔的晚期著作中看到他试图调和这一纷争的重要论述。[12]卡维尔指出,对维特根斯坦的主流解读主要聚焦在"人类语言与行为的社会本质"上,这虽然并非不准确,但是也偏狭隘。这种对生之形式的文化面向的过度强调导致了"对自然性的部分遮蔽",也就忽视了关于人类共性讨论的弦外之音。为了提醒读者注意生之形式当中被忽略的部分,卡维尔提出将两个维度分开讨论。第一层"民族学的"或是"水平方向的"维度,强调了各个社会之间的区别，例如"加冕典礼与就职典礼之间、以及物物交易和信用系统之间的区分"。第二层"生物学的"或是"垂直方向的"维度则关注人类与其他生物之间的区别，例如"用叉子之类的工具进食、用爪子来抓、或是用喙来啄"。这两个维度并不仅仅是相互补足的，而且存在某种冲突的关系："对生之形式的生物性解读并不是民族学解读的另一种备选方案，而是在挑战后者所隐含的政治或社会保守主义。"在这里，卡维尔并不是在重复我所讨论过的生命之生物性（一切生灵共有的）与传记性（人类独有的）的经典二分法。他的关注始终落在人之成为人（the human）与其他物种之间的区别，而不是如民族学视角只关注人与人之间的区别，或是如生物学视角去关注人类群体与其他物种之间的区别。他要求我们从"我是一个人"这个事实去汲取所有的推论，包括"工作、享乐、忍受、申冤、命令、理解、祈愿、意志、教导和受苦的能力"，而不是去关注那些文化上的特异性。在这里，卡维尔通过对生之形式的再阐释，提醒我们将注意力从各异的"形式"转移到"生"之本体。

既然如此，我们必须要将"形式"与"生"分开来考虑，甚至将它们对立吗？在对"形式"与"生"的关注之间必须二选一吗？这也是阿甘本在他对中世纪修道院行为规训的历史哲学研究中所探讨的核心问题。[13] 阿甘本认为，早在一千年前的修道院里，就出现了这样一种情形，即"某个人的生命与其形式如此紧密相连，以至于无法分割"。事实上，他对生之形式的探讨早在二十年前就在一系列关于难民和集中营的文章中出现了："一种无法与其外在形式分离的生命，不可能从中分离出所谓'赤裸生命'（naked life）的存在。"然而，他本人二十年后拾起这个一直关注的话题时，却给出了三个方面的调整。首先，他从一种系谱学（genealogical）的方法转向了历史学，背离了他所塑造的古罗马共和国早期"牲人"（homo sacer）*的典型化形象，而去描绘一幅中世纪方济各会修士平时生活的画卷。其次，难民和集中营的悲剧性范式被取代为僧侣们在修道院中的日常存在。第三，统治主权（sovereignty）对"赤裸生命"所作的规训化管理被替代为一种对构成生之形式的规矩进行的细致分析。以上三类调整——从系谱学到历史学、从悲剧性到庸常性、从规训到分析——开启了新的与社会科学进行对话的可能性，然而这种对话经常因为意义含糊不明或难以令人理

---

* 也常被译为"神圣人"。——译者注

解而陷入困境。

所以，阿甘本对于这种生之形式究竟想要说些什么呢？他的论点是，早在哲学家们仔细讨论"生之形式"之前，神学家们就已用过这个表达了。虽然它在历史文本中的出现早于经院哲学的兴起，但"只有在方济各会的传统中，'生之形式'（*forma vitae*）这个语段（syntagma）才具有了经院文献和生活中一个真正技术性词汇的特质"。这一历史时刻发生在十三世纪，圣方济各的修身法则被大规模引入修道院生活的时期。然而，阿甘本对这一修道院"生之形式"的兴趣并不在于"细致入微的戒律和禁欲的技巧、设计精密的回廊与钟表、独居生活所面对的诱惑、唱诗班的仪仗、兄弟会中的训诫，以及那些凶猛的惩罚，它们使得宗教社区中规律生活与救赎的实现成为可能"。他所关注的反而是"由此而成立的介于规则（rule）与生命之间的某种辩证法（dialectic）"。因此，方济各会修士最为突出的姿态正是通过发誓保持贫困而放弃一切权利，包括财产的拥有权甚至使用权在内。正如奥卡姆的威廉（William of Ockham）勇敢地在教会权威面前指出的，修士们在极端必要的情形下，对维持自身生存的必要物品拥有使用它们的"自然权利"（natural right），而没有"实在权利"（positive right)。换句话说,方济各会宗旨的革命性在于他们"试图去实现一种绝对处于法律给定范围之外的人生及其实践"。因此,他们与更为世俗的教士团、罗马教庭甚至教皇本人之间发生冲突和争执几乎是必然的。

方济各会的生之形式并非一时无两。我们可以找到其他例子,比如詹姆斯·拉依德罗(James Laidlaw)所研究的印度耆那教苦行僧,或埃及虔诚宗教运动中的穆斯林妇女参与者,萨芭·玛赫穆德(Saba Mahmood)曾在她们中间从事田野访谈。[14] 撇开它们各异的特质,这些宗教性的生之形式都将生命与其形式如此紧密地结合在一起,并从形式中为生命汲取意义。它们的存在引导我们去重新思考法律——包括这些例子中的宗教戒律——如何在个人与群体之间发生媒介的作用。法律意识理论(legal consciousness theories)早已论证了法律如何去构造任何一种生之形式,哪怕它无形的影响并不能被清晰地界定。我们还看到,任何对社会世界的体察都牵涉到与法律打交道,而法律本身更是与性别、社会阶层和所属族群等紧密相关。[15] 阿甘本在此基础上的贡献在于将其延伸到了一些奇特的、外在于普通法律空间的情形下,虽然更宽泛意义上的规则仍然存在并被遵从。我们或许可以说,生之形式是被法律决定的,无论是在法律框架之内还是之外;甚至可以推断,在外在于法律的空间里,这种决定性的关联反而更加强大,例如古代的方济各会、近代的无政府主义者,以及当代的公民抗命者对明文法律的拒绝,还有那些被法律所排除的古代流放者和当代无证移民。

可是,阿甘本在几年后又再次对他的看法作出了一些修正,这次是远离了修道院经历的历史语境,而提出了一种更具普遍性的陈述:"任何无法与其形式分离开来的生命,在某种生活模式(mode of life)下,其生存本身成为问题所在,而在活着的过程中,其生活模式则成为首要问题所在。"[16] 换句话说,人生最核心的特征在于构成它的"模式、行动和过程……从来都不是简单的事实,而首先是生命本身的可能性"。阿甘本的论述在这里暗中连接了康吉莱姆和维特根斯坦的思想,他写道:"人类生活的形式从来都不是被某个生物特性所召唤的,也不是被任何必然性所给定的。"思想,则是"一种连接……它将生命形式赋予某种无法分离的语境……从而无法分离出所谓赤裸生命"。在这些碎片化的思考中,阿甘本总是试图坚持去捍卫所谓"生命的潜在特征"(potential character)。在人类生存的漫长历程中,任何生命形式都是对各种可能性的探索。

至此,我们已经花不少时间来回顾了看似各抒己见的若干种哲学文献。那么,这样的讨论能够如何去丰富我们对生命形式的理解呢?我之所以试图想象这些来源各异、平行发展却南辕北辙的理论之间如何去对话,是为了给自己和人文社科领域中的主流理论之间划出双重的断裂。首先,有鉴于维特根斯坦研究中超越性和人类学解读之间的冲突,我提出一种辩证的方法,去促成两种不相容范式的碰撞,让试图废除差异和认清差异的理论进行对话。其次,虽然大部分学者都着重于研读维特根斯坦的著作,我相信将其他学者的论说引入讨论是有启发性的:由此,新的视角可以打开进一步分析的可能性。

基于这些原则,我从维特根斯坦、康吉莱姆和阿甘本的作品中给出的区别出发,来探索三重对立的概念:普遍性与特殊性(也就是超越性与人类学取径)、生物学与传记(活着的与活过的),还有法律与实践(规则与自由)。另外,我想要在这三对辩证关系之上再加上两重维度——政治的和道德的,因为这三种对生之形式的论述中都鲜少提及它们。维特根斯坦刻意远离政治和道德讨论,这已经是广为人知的事实,而康吉莱姆则更多地在个人生活中而非学术著作中表现出对政治和道德问题的敏感度。最后,虽然阿甘本将"政治的基础"(foundation of politics)这个问题放在他的思想理路中心——这当然也隐含了某种道德的关切——但他对生之形式的阐述则仅仅在晚期才纳入了一些边缘性的政治与道德讨论。近年来,这种相对的沉默开始被打破,特别是在一些聚焦于社会运动和照护实践(practices of care)的研究中。[17]在这里,我基于在法国和南非的田野工作,提出另一种路径:我将描述并分析一种困扰着当代社会的群体想象的生之形式——那些陷入困境的跨国游牧者(难民或移民、寻求庇护者或是无证外国人)的生之形式。

位于法国北部的加来城因为所谓的"丛林"而令全世界侧目。2014 年,数千名难民和移民聚集在这里,在城外的一片荒地上搭建了一大片营地,这里也因此得名"丛林"。实际上从二十世纪八十年代开始,加来便成为逃离战乱频仍的欧洲东部和南部地区人民通往英国的门户:开始是越南人,后来又有泰米尔人、科索沃人、库尔德人,以及阿富汗人;近年来则换成了苏丹人、厄立特里亚人、利比亚人和叙利亚人。1999 年,英国开始在其边境设立严格的关卡,阻止偷渡英吉利海峡的行为,导致滞留在加来的难民和移民人数激增。当时社会主义者主政的法国政府在红十字会协助下在加来搭建了一个库房。起初是一个公共交通车站的桑加特很快变成了实际上的暂时住房,里面住满了遥远征程受阻的人们。2002年,法国保守党上台后,新任内政部长马上决定将加来的难民中心关闭,借口是安全与人道主义考量。从那时起,移民别无选择,只能占用公共建筑、废弃的楼宇甚至第二次世界大战时在海滩上搭建的掩体。他们的居住环境愈发险恶,因为当地警察不断巡查和骚扰,经常在半夜将难民赶出他们暂时的住处并没收他们微薄的财物,不管外面是否风雨交加。这样的局面持续了十二年。

2014年,叙利亚和利比亚内战爆发之后,逃离北非和中东的难民突然大量聚集在加来地区。面对这一新情况,当时倾向左翼的法国政府决定将他们转移到一个垃圾填埋场旧址。加上附近的两个化工厂排放的废气,这里的居住环境极其肮脏和恶劣,并且缺水少电。情况在大部分来自法国和英国的非政府组织介入后稍有改善,他们帮助难民搭起帐篷,并分发食物、安装厕所,还创建了医疗诊所、法律咨询中心、图书馆、临时学校,甚至一个剧场，让居民们得以在驻地开起便利店和饭馆，还开设了一个教堂和一所清真寺。每晚，数百名难民冒着生命危险试图从跨海峡隧道或加来港口去往英国。据统计，2014 年至少有 19 人、2015 年 25 人在港口附近意外遇难身亡。[18] 当局安装的摄像头、高墙和电网，以及愈发严格的边境车辆检查和二氧化碳探测器的安装都让越境成功的希望愈发渺茫，而意外事故的风险日渐增高。警察带着警犬和催泪弹试图驱逐移民。一项调查显示加来丛林的居民中有八成曾受到执法人员的暴力伤害，而半数曾有过被捕或关押的经历。[19] 经历一次又一次深夜偷渡失败后，他们怀着永不放弃的信念在黎明回到加来营地，有时深夜警察袭击时发生冲突，交火的硝烟尚未散去。四分之三的居民清楚地认识到自己身处险境，而危险的主要来源就是全副武装的警务人员。2016 年 3 月，法国政府不顾法院的判决，决定将加来的庇护区拆除。为了抗议这一决定，八名伊朗难民决定将自己的嘴唇缝合起来，并用布蒙上眼睛，手上举着写有"我们也是人""我们的自由何在""我为人权而来，却一无所获"等抗议字样。他们无法理解，这些国家数十年来一致谴责伊朗政府对人权的侵犯，却无法向他们施予任何保护。

我在二十世纪初到桑加特做过田野调查，2016

年 1 月又回到加来。几周之前，法国政府刚刚下令拆除营地，无视正是他们自己在一年前将这里指定为难民的临时住所。[20] 当时，"丛林"大约有 5 500 名居民，几乎全是年轻男子。我得以与他们当中的一些人进行了交谈，包括几名叙利亚人。在他们临时搭建的小屋中，用作屋顶的帆布完全无法阻止雨水漏进来，而用来糊墙的锡箔纸在寒风中更是毫无保暖作用。在这个只有六平方米面积的空间里住着六名男子，其中四个是大学生（大学生大约占到营地难民总人数的三分之一）。他们来自叙利亚叛军控制的地区，那里天天遭受政府空军的轰炸。随着复兴社会党控制的政府军步步逼近，他们逃离了家乡，以躲避报复性镇压或是被强行征兵入伍的遭遇。在横穿欧洲之后，他们的旅程在加来停滞不前，已经在"丛林"生活了一个月到三个月不等。在语言不通的情形下，他们看到当局的敌意，并不想留在法国。和很多人一样，他们希望能够去到英国，那里有已经定居的亲人和朋友可以依靠。

虽然营地到处泥泞不堪，小屋内部和挂在墙上的衣物却出奇地整洁。考虑到这里的人口密度，难民营里形成的生活秩序可以说是令人惊叹。虽然处境艰难，他们仍然十分抱歉不能给我倒茶；一个青年甚至去向当地的慈善组织要一碗汤，却空手而归。裹着睡袋，他们轻声交谈着，显得有点兴奋，急切地想要表达自己的焦虑和期待。自从来到这里，他们每天昼伏夜出，一次次试图跨越海峡又一次次失败，被警察追赶、经常挨打，也经历过逮捕和关押，有两个人给我看他们手臂上和腿上新近的伤痕。但是和这些相比，这些青年更希望能让我见证他们在叙利亚的过往生活。他们一个接一个地给我看手机上留存的照片，总是以类似的顺序：先是家人、女朋友、房子、汽车，通常拍摄于内战开始前；然而接踵而来的却是屠杀与破坏的图像，父亲、兄弟、表亲的尸体，以及曾经的邻里如何化为废墟。他们所要的并非同情，而似乎是在用这些还很鲜活的记忆来控诉目前境遇的不公。那些照片里衣着光鲜、家境殷实的年轻面孔指向某种经济条件和社会地位，与此时此地形成鲜明反差。而通过出示那些悲惨境遇的照片，他们也在指责法国政府如此对待难民毫无道义上的辩护余地。他们一再强调，此前从来没有想到，自己会在寒冬之中的荒地上和衣而卧，忍受着警察的暴力，而这一切都发生在一个他们以为会善待自己的国家。

和他们道别之后，我漫步在帐篷和临时住房中间，注意到英国街头艺术家班克西（Banksy）在一座横跨营地上方的立交桥出口混凝土墙上创作的喷漆模版画,上面赫然画着苹果公司创始人史蒂夫·乔布斯,肩上扛着一个装衣服的布包,手里拿着苹果电脑。乔布斯的生父正是叙利亚人。在画像的脚下,有人把几十枚废弃的催泪弹外壳垒成一堆,像是某种祭坛,充满讽刺意味地纪念着法国政府的残暴行径……

在与加来相隔九千公里的约翰内斯堡,城市中心商业区坐落着数十座装饰华丽的大楼。它们曾经是南非财富的象征,不少跨国公司将总部设在那里,周围是白人上流阶层的宅邸。然而,在1994年南非种族隔离制度垮台之后,原先的住户纷纷搬离,空下来的房屋被一些人非法占用了。现在,这些大楼被称作"黑屋",里面住着数千名寻求庇护的难民和无证外国人,他们忍受着恶劣的居住条件,被迫向当地黑帮缴纳"房租"。2000年以来,这些非法移民当中的绝大多数来自津巴布韦,他们试图逃离罗伯特·穆加贝的极权政府,以及强行征收白人土地所带来的经济危机和接踵而至的国际制裁。据估计,在十年时间里有接近两百万人跨越了两国边境。这样大规模的流徙也包括了来自非洲中部和南部其他国家的移民,其中大半也是出于躲避战争和贫穷的需要。联合国难民署官员透露,2000

年全球寻求庇护的难民数量大约是15,000人；2010年则上升至170,000人，2015年高达800,000人。[21]当年的数字中有三分之一在南非，南非成为世界上滞留难民人数最多的国家。

这些高涨的数字并不仅仅说明提交庇护申请的人数之多，更是申请处理时间极长的结果。虽然南非政府在民主化之后，表态要遵循此前政府屡次冒犯的国际法规定来处理难民问题，国内人口的压力以及官僚系统的不作为很快就造成大量申请被积压。一项成功的庇护申请从开始到结束通常需要至少五年之久，包括遭到拒绝再提起申诉的时间在内，而绝大多数人初次申请都会被驳回。[22]在这看似漫无止境的等待过程中，申请人还必须每六个月到接待中心去更新他们的申请状态，这项要求使得接待中心经常排长队，人们被迫要么等待几日几夜，要么贿赂代理去加快办事速度。这样几年下来，很多人不得不放弃寻求庇护，而拿着过期的证件成为非法居留的外国人。官方对难民寻求庇护权利的口头认可与事实上的阻挠形成一种矛盾的结果：一方面，进度缓慢导致系统被堵塞，从而自动增加了等待处理的申请人数；另一方面，大量申请人因为办事人员的阻挠而中断了申请过程，导致了统计数字不断降低。不足为奇，2016年南非官方发布的难民数据被非政府组织提出异议，这些组织担心一百多万难民的数字可能激起公众对难民的敌意。最终结果是官方数据迫于压力只好大幅下调。

在这些数字的争议之外，我们应该看到这套系统中隐含的问题。首先，政府所认证的寻求庇护者或难民的身份，并不能反映他们有多么需要所在国的保护：很大一部分申请者是纯粹因为办事手续的繁复而放弃了救助；另外，很多人声称是出于经济而非政治原因才离开自己的国家，而实际情况通常没有那么简单。总而言之，原本用来区分寻求庇护者与无证外国人的法律名词，以及用来分别处理因为工作而流动的移民和因政治原因形成的难民的行政标准，全都在实际应用当中形同虚设。其次，申请者在此过程中的经历与其获得的法律身份之间毫无关系：寻求政治庇护者与无证外国人面对着同样的境遇，缺乏人身安全保障、失业、非法住房、当地人的敌意，甚至官方的迫害。最后，所有人被迫作出的选择都惊人地相似：在街头乞讨或做小贩，在镇上的空地租一间小屋或非法居留在城市中废弃的楼房里，经受着警察、黑帮和仇外暴力的时刻威胁。

2013年5月到6月间，我在约翰内斯堡做民族志工作时，对几位津巴布韦妇女进行了访谈。[23] 她们住在市中心商业区一幢空置五层楼房的第三层，将空荡荡的大房间隔成六平方米大的若干小房间。用薄木板和硬纸板做成的"墙"远远低于天花板的高度，头顶密布着用来非法接通电源的电线。在这些临时搭建的公寓里，隔壁谈话的声音和无线电广播交织成一种不分明的背景音。其中一位三十多岁的妇女与她的伴侣和刚出生的婴儿就住在这样的一个毫无舒适或隐私可言的房间里。冷风从窗玻璃的破洞中吹进来。房间里有一张床、一张桌子、一个小柜子、一个加热器和一个旧电视，水泥地上倒放着两个藤筐，用来当临时的凳子。唯一的装饰是三张海报，一幅是加沙地带，一幅是拉斯塔法里教宣传画，还有一幅是软饮料广告。在如此简陋的条件下，这个房间已经布置得很好了。

这位女子向我谈起离开自己的国家的原因：作为反对党的成员之一，她在津巴布韦受到政府支持者的骚扰和殴打，因此家人建议她逃离；迫于无奈，她在行前将自己的头两个孩子留在了父母那里。朋友们建议她在南非申请政治庇护。然而申请递交六个月后，当她试图到服务中心去更新自己的证件时，她却被索要一笔无法承担的费用，自此以后她成为了无证移民。她靠乞讨和慈善救济活了一段时间，忍受着执法人员的威胁，试图躲避拘捕，有时候贿赂他们,有时候警察也出于对她的孩子的同情而网开一面。她们住的这幢楼房时常被警察巡逻,警察将居民带到警察局,能够出得起贿赂的非法移民才能免于被遣送出境。然而,在仇外情绪高涨、愤怒的民众已经在全国范围内杀害了数十名无辜的难民时,警察局却成为她的庇护所,那些曾经欺侮过她的警察也多次救了她的命。即便这里情形如此恶劣,她仍坚持认为津巴布韦的政治和经济局面更差,因而唯有留下才是唯一的生路。"在这里活着很难,但我们必须应付下去",她带着疲惫的笑容说道。

我在这幢"黑楼"中,收集到几十个寻求政治庇护者和无证外国人的故事。虽然每个人都有不同的经历,然而共同的主题却一再出现:在祖国,贫穷和压迫使得他们不得不背井离乡;在客居的国度,官僚体系的腐败和失效让得到难民身份的前景变得黯淡。面对警察的滋扰、反复的拘押、被遣送出境的恐惧、民众暴力的威胁、缺乏资源又毫无安全感,他们曾经希望在南非得到的庇护不过是一个轻飘飘的词语而已。

虽然他们身处不同的历史和政治语境中,困在加来的叙利亚青年与约翰内斯堡的津巴布韦妇女拥有同样的生之形式:他们都是漂泊的异乡人,为了躲避对人身安全的威胁而离开自己的国度,来到另一个国家寻求庇护,却面对法律和社会的双重不确定性,并且无人承认他们的基本权利。在加来,他们的身份被交替称为"移民"或"难民"。这一言辞上的区别事实上很重要,引起了激烈的争辩:政府倾向于将他们定性为"移民",以便弱化他们争取受庇护的权利;而非政府组织则使用"难民"来强调这一受庇护权利的神圣不可侵犯性。无论如何,这些人在现实中都是没有证件的个体,住在简陋的掩体里,经受着暴力威胁。在约翰内斯堡,通行的术语是"寻求庇护者"或"非法外国人"。它们截然相反的涵义同样重要,因为得到庇护准许的难民在理论上被赋予了基本权利,特别是寻求医疗照护和让孩子受教育的资格,而没有证件的人则不行。然而,事实上不管法律上的身份如何,这些人同样也遭受着共同的折磨,有证件和没有证件的难民同样贫穷,并受到国家机器与本土排外势力的威胁。

因此,这些用来区分和界定不同种类移民的法律术语之间,实际上存在着极高程度的相通性:一个异乡人经常通过行政手续,从一种状态跳到另一种;而且他们自己或是他人用来形容和解释自身状态的语言也根据情境而不断变化。一个横穿法国的厄立特里亚人比一个尼日利亚人更有可能被看作一名难民；然而一旦他到达加来，则瞬间变成不受欢迎的外来移民中一员，并且当局会不惜一切代价地阻止他去往英国。如果他决定尝试向法国政府寻求保护，那么后面几个月内他会拥有"寻求庇护者"的身份，但所有厄立特里亚人申请失败的比例是60%，而尼日利亚人则高达90%。此后，他将成为一名无证外国人，随时可能被遣送出境。同样地，在南非，所有莫桑比克或刚果籍妇女都明白，本地人是根据长相和说话口音而不是证件来区分外国人的。不管她们是否有寻求庇护者的身份，都只能住最差的甚至非法的房屋，通过非正式的地下黑市来获取资源活下去，并忍受警察的滋扰和暴民的攻击。法律术语因此既重要又在某种程度上不重要：它们或者界定某种身份地位，或将一些个体拒斥于法律范围之外，从而明确地规定了一个人是否拥有积极的或是消极的权利，然而法律并不能决定这些个人在日常生活中如何被官方人员和民众所理解和对待。事实上，不少人从未了解他/她们的法律身份究竟是什么，甚至不清楚它是否存在。

然而，为什么生之形式这一概念可以被用来解释加来丛林中的难民/移民，或是约翰内斯堡黑屋中的寻求庇护者/无证外国人的境遇呢？我已经解释了他们之间的共性，但这还不够。我们需要以此前所讨论的维特根斯坦、康吉莱姆和阿甘本的著作为基础，来讨论如何通过"生之形式"这个概念来理解他们的处境。首先，这些移民的境况可以用来解释普遍性与特殊性之间的互动。虽然驱动每个人离开家乡的原因不同，是危险、贫困或是混合着希望，他们所寻求庇护国的法律和政治情境也不同，所有这些异乡人都面临着类似的身份不确定性和所处地位的脆弱性。然而每个群体都因其历史、文化和环境而拥有独特的经历，这对其内部成员来说非常容易理解，在外人看来却难以沟通。让我们想想意大利南部难民营中的情形：刚刚从罗马尼亚和保加利亚到来的新移民和刚刚冒着生命危险横渡地中海的非洲移民相比，各自经历的边缘化体验会有多少相通和可比之处，又有多少独特而不可比之处。其次，移民的境况向我们强调了人生的生物学面向与传记面向之间的张力。对于这些移民来说，活下来是个首要的问题，必须得到足够的食物和物理庇护，以及最小限度的安全。但是满足这些基本需求只是整个旅程的一部分，其中还包括了与他人之间建立关联，包括提供帮助的志愿者或是处处阻挠他们的警察。因此，像匈牙利政府那样将难民们关在铁丝网后面、往里面扔食物，还是像德国政府那样设立接待中心，提供物质上以及道德上的帮助，这当中是有至关重要的区分的，它关系到将人看作人，还是仅仅需要饱食的动物。第三，难民的境遇揭示了法律条文与实践之间的复杂互动。法律状态界定了谁有权利留在某个国家的领土上，甚至去享受一些福利，但是那些实际上不拥有这些权利的个人很快想到了绕过法律手续困难的办法，或是试图去与它共处。事实上，权威们决定规则并将其施加于外国人身上，但实行过程的粗暴或是宽厚的程度则因时因地而异。然而，难民和移民们总是能想办法保持极小限度的人身自由，通过各种策略和技巧去和规则做游戏。即便是在最为极端的困难环境中，他们总想办法去解决问题、与当地人协商、发展同盟和团结关系，并去想象不一样的未来——也就是说，试图重建一种正常的生之形式。在以上三重考量中，这些跨国游牧者的生之形式是存在于掌控者与受控者之间的限制与可能性共同起作用的结果。

于是，生之形式的概念从这三种辩证的关系当中给我们带来新的启示，并促使我们去反思这些人类体验。然而讨论并不止于此。

一方面，我们可以通过生之形式的概念来重新思考桑德拉·罗吉厄（Sandra Laugier）所描述的脆弱性（vulnerability）。为了将生之形式与照护（care）问题相连接，她写道："（脆弱性是）那样一种感受，当人们日复一日地试图去体察他们的主体性，并探索生而为人的各种可能，它却悲剧性地出现在各种关于失去日常生活的境况里。"[24]通过对跨国游牧者的研究，我们可以得出两个观点。首先，脆弱性不仅仅关乎主体性问题，更是物质上、法律上以及社会上客观境况的结果。其次，悲剧性不仅来源于日常生活的失落，更有可能是印刻在日常生活本身当中的。因此，我们必须注意到两重张力：主观与客观之间的构成上的张力，以及某个事件与永久性状态之间的时间上的张力。

另一方面，生之形式的概念也促使我们重新考虑朱迪斯·巴特勒（Judith Butler）提出的不安定性（precariousness）。在暴力和战争的情形下，巴特勒所描述的不安定性是基于"人生被消解归零是如此轻易"的理解。[25]跨国游牧者的个案在此也可提供两个参照点。首先，我们需要区分"不安定性"作为一种体察人生无常的普遍经验，和用来去描述那些因为不平等、歧视、不公与迫害而基本生存受到威胁的人们的体验。前者是受到普遍的生物性限制而产生的结果，而后者则是人生而经受社会不平等的产物。其次,既然"不安定性"一词来源于拉丁语中的法律用词 precarious,意为"通过祈祷而获得的",我们可以看到这个概念当中留存着某种等待恩惠的原初意味,也因此而受控于那些有权利去施予恩惠的人,比如国家,而这仅仅是在上述"不安定性"的第二种用法中才存在的。因此,我们必须分清这两种用法,以避免将政治性的议题归结到伦理的普遍性之中去。所有人生都不久长,然而某些人生和其余人的比起来要更加不安定得多,并且面对着非常不同的不安因素。在这里,又存在着两重张力:因为生而不平等造成的社会紧张,以及压迫与被压迫关系所形成的人际紧张。

当然,并非只有这些受迫的游牧者们拥有脆弱与不安定的生之形式。在跨国流动的人群中,我们可以将他们和其他群体形成有意思的对照,例如那些拿着极其苛刻工作合约的流动务工者(在阿拉伯联合酋长国进行家务劳动的菲律宾女人等),甚至连合约都没有的临时工人(季节性到美国农场参与收割工作的墨西哥人)。[26] 一方面,这些人生之形式同样体现了普遍性与特殊性之间的张力,既考验身体的生理承受能力又挑战传记性的叙述,并且既取决于法律的条文又会被实际操作中的情况影响。然而另一方面,在流动务工者与受迫的游牧者之间虽然存在共通之处，但前者作为被剥削和控制的劳动力，至少是被看作全球资本主义经济中不可或缺的一环，后者却是不受欢迎的移民，在他人眼中毫无利用价值，而成为同情或是排挤的对象。

生之形式这个概念，从各自不同、甚至互不相容的哲学传统中衍生出来，并在注疏者之间引发了针锋相对的阐释。大多数论者选择拥护某一阵营，而忽略另外的可能性。在我对维特根斯坦、康吉莱姆和阿甘本的讨论中，我希望另辟蹊径，不去试图调解与中和他们的分歧，而是用一种辩证的方式讨论他们。在相互对立的论述中，我们可以看到三种清晰的张力——在普遍性和特殊性之间、生物学与传记学之间以及法律的条文与实践之间——这些张力也迫使我们去重新审视那些虽然相隔遥远的时空，却可能构成类似生之形式的群体经验。

为了展示这样重新阐述过的生之形式能够给我们什么样的重要启发，我选择了被迫游牧者的生之形式作为一个例子。那是散落在五大洲的几千万人的生之形式，他们被称作寻求庇护者或无证外国人、寻求工作的移民或寻求庇护的难民。他们之中的大多数身处非洲、亚洲和中东，而不是像新闻媒体中大肆渲染的那样聚集在西方国家中。他们是来到美国的危地马拉人、来到阿根廷的玻利维亚人、来到澳大利亚的阿富汗人、逃往孟加拉的罗兴亚人（Rohingya）、埃及的索马里人、肯尼亚的苏丹人、土耳其的叙利亚人、黎巴嫩的巴勒斯坦人、散落在欧洲的罗姆人……任何描述都无法穷尽他们的经历和数量。根据联合国难民署的说法，"由于遭到迫害、战乱、一般性的暴力或者人权被侵犯等等原因而被迫流亡"的全球人口在 2016 年达到 70,000,000 之多，其中包括 5,000,000 依靠某个特定机构生活的巴勒斯坦难民，但这 70,000,000 中大约有三分之一已经离开了自己的国家。[27] 然而，这些统计数字并不包括所有正经历相似命运的人，导致他们流亡的原因可能是贫困、自然灾害和气候变化。这些被迫游牧者各自有着不同的经历，却都在寻求庇护的地方不受欢迎，不得不面对当地自相矛盾的政策，辗转于拒绝与保护、残酷压迫和冷漠无情、无限期拘捕和人道救助、拒绝接纳与承认权利之间。他们寻求安全，却发现自己陷入荒原和废弃建筑物、甚至监狱和集中营的梦魇。然而，对很多人来说，这样的处境和他们所逃离的过去相比仍然可以算是不那么令人绝望。

要讨论这些失去了祖国又不能获得新生的男人、女人和儿童的生之形式，就意味着试图去同时解释共享的人类体验以及特定的文化语境、肢体暴力的威胁以及社会性伤害、法律上的不确定性以及实践中的周旋。然而这些生之形式中所隐含的限制并不能穷尽他们的现实。如本章开头罗伯特·穆齐尔的引文所说，在看似无药可救的、笼罩在个人头上的现实表面之下，想象的能量总是隐隐浮现，期待和欲望也总是不断被表达。在形式之下，生仍继续。

然而，我们必须继续剖析更深层次的意义。被迫游牧者的生之形式并不只描述了这些人的境遇，它还抓住了当今世界的某些状态。我们可以看到，这种生之形式来自当代民主政权所面对的困境，它们无法将那些构成自身存在基石的原则付诸实践。一面是大量人口背井离乡，逃离战乱、灾难和贫穷，另一面是同样令人印象深刻的民粹主义所激起的敌意，这两面结合起来的矛盾现实就构成了我们时代的一个基调。我们必须避免过度用当下情况来阐释过去。从二十世纪初开始，欧洲实际上经历了若干个人口大规模流徙的时期：在二十世纪二十年代，俄国十月革命以及一战结束后，第一个由国际联盟成立的国际难民办公室（International Office for Refugees）创立；四十年代，二战结束后，《难民地位公约》（Convention Relating to the Status of

Refugees）正式生效。[28]这两个悲剧性的时刻与近年来的危机之间所存在的相似性，不应该被那些强调当代问题的例外性的论调所埋没。

1943年，汉娜·阿伦特发表了一篇短文，用第一人称说明了这种生之形式的体验："德国将我们驱逐，因为我们是犹太人。然而，刚刚跨越法国边境，我们就变成了'德国佬'……在战争爆发初期，所有人都被关押起来……并无分别。"[29]这也是瓦尔特·本雅明逃离纳粹德国后遭遇的命运。在二战初期，他在法国寻求庇护，被关进了一个法国集中营里。经过朋友们的干预，他得以逃出法国，当时德军已经入境。在霍克海默的帮助下，他得到了去美国的签证，于是继续向南，试图翻越比利牛斯山脉进入西班牙，经过艰苦跋涉，在小镇波特步住下。不幸的是，西班牙警察在那里抓捕了他，并打算将他遣返法国。当晚，在被关押等待遣返的酒店房间里，本雅明吞下高剂量吗啡而死去，这一举动的意图至今仍有争议。在陪伴身旁的旅行箱里，他珍藏着《历史哲学论纲》手稿，其中写道："我们对正在经历的事情在二十世纪的今天'还'会发生感到惊诧，然而这惊诧并非哲学的。因为它并不是知识的开端——它只是告诉我们，导致这些事情发生的历史观本身是站不住脚的。"[30]在这一预言家式的反思中,本雅明重新阐释了他本人二十年前收藏的保罗·克利著名画作《新天使》。他将这幅画面想象为"历史的天使",祂的"面孔朝向过去",历史中的"一连串事件"在祂眼中呈现为"一场单一的灾难,这场灾难不断在废墟之上堆积更多的废墟"。本雅明当年所面对的"事件"在二十一世纪初期"居然仍然可能发生",这应该让我们所有人感到不安。这或许是一种宿命,他的"历史天使"至今仍旧凝视着这些悲剧性事件所制造的、同样的生之形式,并陷入永恒的沉思。

第二章　生之伦理

我说：仅仅作为死之对立面的人生并不算真正活着。

——马哈茂德·达尔维什（Mahmoud Darwish）《杏花及其他》

什么是好的人生？一个人需要怎样的言行才能过上好的生活？自古以来，人们意识到生命终有尽头，因而去反思生之意义，特别是其中的道德意涵。这些反思自从柏拉图的时代起便滋养着哲学思考，衍生出各种伦理学论述，去界定何为善、何为正义、何为人生中最重要的事，以及何为干预他人生活的限度。这些争论自然是与关于生之形式的讨论分不开的。既然这些伦理学问题的答案实际上因时因地而异，那么理论上我们就必须面对普世的规范性基础是否存在的问题。一些认知科学家相信它存在，并印刻在人类的神经回路中；又或是像一些民族学家和历史学家试图展示的那样，道德永远是受当下文化所圈定的，嵌入在特定时期的语境中，并因具体情境而变化。

人类学家对于上述讨论作出了不少贡献。长久以来，人类学以研究地处偏远的社会中特定的价值观和规范行为作为自己的主业，同时也出于认识论或政治上的原因，一直坚持去追求人类大同的理解。一般而言，他们的观点通常摇摆于两极之间，一端是某种善意的相对主义，它试图去承认他者文化的价值，并以此来批判自身文化的优越感；另一端则是某种带有评判意味的互动，既批评土著风俗，也谴责自身社会中的缺陷。过去几十年中，人类学学科内部关于伦理学的担忧之声日渐高涨，这些忧虑凸显在民族志的实践当中，也成为更多研究的对象。我们可以将它们看作是人类学试图回应自身的暧昧立场的一种表现。

在这里，借用哲学与人类学的对话模式，我试图去分析这些理论分歧的立场和预设。在哲学与人类学学科中，我们同样面对两种相对立的观点，有人认为合乎伦理的生活是由高于个人的原则决定的，虽然这些原则可能是普世的或是地方性的；另一些人则认为合乎伦理的生活来源于个体内部自我实现的过程，虽然这一过程可以被描述为主体性的或是主体间性的。在这些分歧之外，这些讨论都倾向去创造某种伦理学的实体（ethical substance），它业已存在或正在被制造出来，并且独立于历史进程、社会性表达和政治含义。然而，当我们离开抽象的哲学思辨，而去检视伦理学在实际情形中的作用时，便无法忽略历史、社会和政治这三重因素。如果我们不去纠缠于"何为符合伦理的人生"这个带有规范意味的问题，而转而去对"生之伦理"进行批判性的分析——换句话说，我们尤其需要考虑历史、社会与政治因素，不是为了去追问"何为好的人生"，而是去探讨在当今社会中，生命本身如何成为至高无上的善。从这个角度出发，我将探讨两个具体个案：身患重病的外国人如何在法国获得常规居留资格，以及南非对艾滋病人的治疗问题。这两个例子将揭示社会/政治因素与身体/生物学因素之间的张力，并说明当今世界中后者如何逐渐获得了压倒前者的重要性。然而，任何新的平衡都将在悲剧性的情境下经受新的考验，下文将以巴勒斯坦-以色列冲突为例，来讨论那些试图救死扶伤的人道主义者与那些选择舍生取义的巴勒斯坦占领区抵抗者之间的冲突。我试图以此说明，生之伦理的存在不止一种可能。

毕生竭力避免谈论道德的福柯,在他去世前的最后几篇文章中将注意力转向这个问题。二十年后,这些文字成为道德人类学复兴的精神源泉。福柯对道德问题的回避来自尼采的影响,他自己亦承认这一点,并从中继承了对道德的犹太-基督教起源的追问。他所不愿意承认的则是来自马克思的影响,但我们确实可以在福柯的思想中看到马克思谴责资产阶级道德观的一些影子。从他对知识考古学的早期论述开始,福柯的思想理路就隐含了对于某种现代主体性之建构的批判,其中道德似乎是凌驾于个人之上的一套规则,经由权力和知识的博弈而获取权威性。或许可以说,福柯的思想与任何意义上的道德哲学都南辕北辙,这其中的原因或许在法兰克福学派的创立者对道德哲学的怀疑当中也可以约略看到。例如霍克海默所编辑并以《批判理论》为题出版的一部英文论文集中,他将一篇题为《唯物主义与道德》的文章剔除出去,这一决定显示了他和同事们对于道德哲学所持的犹疑态度,因而决定不去发表自己无法全力支持的论述。[1] 然而,福柯所认为有问题的不仅是道德本身,而是任何涉及绝对自主行动者(free sovereign agent)的论述,或者说是任何带有规训性的思想,这在他看来必然是某种道德权威的表述。也正是在这一点上,哈贝马斯在两人著名的辩论中对福柯进行了激烈批评：不去设立任何规范性的基石，或如哈贝马斯所说的拒绝承认自己思想中"隐秘的规范性"（cryptonormative）立场事实上存在。[2] 不管我们同情哪一方，都应该看清，福柯晚年的作品不能划入这一批评的范围内。

在《性史》第一卷与第二、三卷发表之间的八年里，福柯的思想路径发生了深刻的变化，可称为他的"伦理学转向"。这一点特别清晰地体现在以"主体解释学"开始的最后三场法兰西学院讲座中，然而最为系统和简练的陈述出现在题为《道德与自我实践》的一篇短文里。[3] 文中提出了三种看待道德的方式：作为一种"道德法则"，亦即"通过各种规定性的机构向个人推荐的价值观之集合以及行为准则"，例如家庭、学校和教堂；作为"行为的道德性"，亦即"某种行为在何种程度上遵从一定的标准，以及听从或抵抗一道命令或规定"，关注对规则的遵守以及违抗；最后，作为一种"道德主体"的形成，对应于"如何为人处世"，或者更准确地说，"人如何让自己成为一个具有道德的主体"。福柯又将这三重的定义化约为更简单的两点，一是社会或群体施加于个人的"行为法则"（codes of behavior），一是主体通过自觉意识去做出符合伦理的行动，造就"主体化的形式"（forms of subjectivation）。这两层意思并非相互排斥，例如在中世纪基督教中，共存着"以法则为取向的道德"和"以个人伦理为取向的道德"，在历史上的其他个案中可以看到"它们的并存、竞争以及冲突和妥协"。不难看出，福柯的思想理路和个人偏好都更倾向于后者。

当然，福柯所提出的二分法在漫长的哲学史上并非什么新事物。一方面，通过明确的命令来定义道德构成了康德围绕着"义务"而阐述的伦理学思想之核心，它要求个人去遵守外在于自身的义务。另一方面，通过自身性格而引导一个人去追求好的生活正是亚里士多德关于美德的伦理学之核心观点，它要求每个人自己去寻找立身处世之道。这两种取向加上以行动的效果来判定道德的结果主义（consequentialism），构成了西方规范性道德哲学的三重面向。重要的是，它们也成为人类学探讨道德的理论基石。[4] 在涂尔干对于道德事实（moral facts）的研究影响下，以义务为基础的伦理学（用来描述和阐释某一社会中的道德规范）长久以来都成为人类学少数探讨道德的著作中几乎独一无二的参考体系。然而，随着近期福柯的晚期作品中对道德主体性的探讨重新引起学界兴趣，人类学内部产生了某种深刻的变化，学者开始试着去解释伦理的主体如何通过其自由意识的行使而形成，或者从日常生活的实践中寻找痕迹。在这里，我们把此前的研究取向叫作"道德的人类学"，而称后者为"伦理的人类学"。

虽然涂尔干的早逝使得他关于道德的宏大研究被迫中断，我们仍可以从一些晚期作品中看到他的设想。虽然总体上追随康德的伦理学思想，涂尔干却也试图贯彻社会学研究理念，试图去除伦理学研究当中规训性的维度，希望将研究的中心放在对"道德现实"（moral reality）的"探讨与理解"而非"评判"。[5] 此外，虽然"道德通常呈现为一种行为准则的体系"，其中"遵从的义务成为道德控制的一项基本特征"，涂尔干补充说明道，"道德这一概念并不能被义务所穷尽"。感到社会规则的压力本身并不足以使得一个人作出符合道德的行动：这项行动必须"在我们看来多少是情愿去做的……这与规则的约束性同样重要"。因此，涂尔干认为道德是义务加上意愿而构成的。那么，应该在哪里寻求它的基准性原则呢？它并不寓于个体之中，因为每个人自己是不能构成自身道德行为的"目的"的，而是寓于群体之中："社会是一切道德行动的目的，"涂尔干写道，"而道德起源于社群中的生活。"这也就相当于是认为道德与社会是同质的。

这一思路影响深远，从 1906 年爱德华·韦斯特马克（Edward Westermarck）著名的跨文化"道德思想"（moral ideas）清单直到 1997 年斯格尼·霍维尔（Signe Howell）对各种"地方性的道德"（local moralities）的个案研究选集，人类学家一直致力于确定各个社会与人群中的"道德准则"，包括成套的规定、行为模范、人们所推崇的价值观以及违背这些价值观所需经受的惩罚。[6] 此外，学者们更发展出一些丰富有趣的研究取向，例如莉拉·阿布-路格霍德对埃及贝都因妇女的民族志研究，将情感引入到对道德实践的分析当中；以及乔尔·罗宾斯对巴布亚新几内亚信奉基督教土著人的研究中，对不同传统之间的道德冲突给予的特别关注。[7] 关注集体社群及其对个人所施加的影响这一主流研究方式在近期受到了不少挑战。

福柯的晚期作品确实带来了一种全新的视角来讨论道德主体。人们通过所谓"自我的实践"（practices of the self）来改变自我，在古希腊哲学中已有相应的论述。例如希腊文 *enkrateia* 一词，指"某种主动的自我控制，使得人能够抵制、挣扎，并在与欲望和愉悦的斗争中占得上风"，与 *sōphrosunē* 一词形成对照，后者指"主体有意去寻找合理的行为准则并遵循之，能够在麻木不仁和过度的情感之间找到'持中'之道"。[8]这些道德操守来源于亚里士多德的伦理学论述,包括对各种美德的运用,但也具有更宽泛的涵义,去关注这些具有美德的行为如何被书写在一个道德主体形成的过程之中。因此,我们可以探讨一种真实的"个人对自我实行的伦理工作,并不只是为了让自身行为合乎外界规则,而更试图将自我转化为能够掌控自身行为的合乎伦理的主体"。福柯论述中的伦理学因此并不具有任何基础,不管是元伦理学论述中的形而上学或心理学意义上的本体,还是由义务、行动结果或美德所界定的任何基准。我们可以看到这一论述在人类学领域中所施加的深远影响,例如塔拉尔·阿萨德(Talal Asad)对于基督教修道院戒律的研究到詹姆斯·福比翁(James Faubion)对一个千禧年主义(millenarian)教派的研究,以及贾拉特·兹贡(James Zigon)和詹姆斯·拉依德罗将福柯的伦理学解读与海德格尔和阿拉斯达尔·麦金太尔(Alasdair MacIntyre)的论述所作的假想对话。[9]但是在这一快速扩张的"伦理的人类学"(anthropology of ethics)领域中,福柯已远非唯一的思想资源,正如宗教生活也已经不是民族志学者去观察伦理实践的唯一场域一样。维娜·达斯和迈克尔·拉姆贝克(Michael Lambek)所提出的

"日常伦理"（ordinary ethics）成为了不少重要研究所关注的对象，例如达斯在印度和拉姆贝克在法国海外领地马约特大区进行的调查。他们的论述受到维特根斯坦和约翰·奥斯丁的语言哲学所启发，试图去发现并认可那些嵌入在人们日常生活中的伦理学考量。因此，他们的研究本身也同时具有认识论和伦理学上的双重意义。[10] 虽然上述这些学者师承不同的理论背景，他们的研究路径都具有某种共性，亦即将伦理视作行动中的个人通过宗教活动或是凡俗行为来让自己的人生得以圆满的过程。

因此，我们可以将人类学界的现状粗略而不失精确地描述如下：一种关于道德体系的人类学，它主要关注引导人们行为的社会准则，而一种关于伦理主体的人类学，它主要聚焦于个人的自我实现过程。虽然它们之间存在着分歧，这两种范式却也在理论和方法论上共享同一种预设：就像宝石可以从其埋藏的岩脉中分离出来一样，学者可以将道德或伦理学从人类体验中分离开来并加以纯化，无论是作为一种道德的实体或是一种伦理学意义上的过程。对涂尔干及其追随者而言，他们同时主张道德应该被理解为一套独特的、由具体规则组成的体系，却又坚持认为社会构成了规则实施的道德权威本身，从而形成了道德既是社会的一部分却又与其等同的悖论。对福柯及其后学而言，个体的诠释学将创造一个道德自我的自觉行为与使得这些行为成为可能的社会条件相分离，即便从古希腊时代起，人们就已经意识到，道德行为是与社会地位、性别和出身的不平等相挂钩的。因此，一方认为道德存在于社会之中，而另一方认为伦理来源于主体本身；然而两者却似乎都将道德与伦理割裂于历史背景、社会结构、以及政治场域之外。

为了将上述的三种因素纳入解释的范畴，我在自己的工作中倾向于去谈论道德问题（moral questions）以及伦理风险（ethical stakes），也就是说，道德和伦理并非业已存在的事实，而总是在特定情境下由特定行动者所造就的，不是某种纯粹的思考对象，而是浸透了历史、社会以及政治情境而形成的特定现实。[11]这样看来，在前文所述的西方规范性道德哲学之三种面向当中，唯有结果论伦理是几乎没有产生任何后世人类学讨论的，但也是唯一一个不把道德看作一种纯粹对象的，因为任何根据结果来判决行为本身的做法总是需要统合地考虑其他社会生活的维度。这也是马克斯·韦伯曾经指出的一个问题，参见他将"责任伦理"之实用主义与"信念伦理"之绝对化特质所作的对比。[12]在1918年发生在德国的暴动中，暴动参与者抱持的态度属于后者的典型,而韦伯试图通过前者来表达自己的保留意见。

因此,如果我们严格地遵循上述两种道德人类学的主流范式,并看到它们分别来源于三种规范性道德哲学中的两个分支,就可以发现所谓"合乎伦理的人生"(ethical life)中存在着深刻的矛盾。[13]它是否应该由地方性的理念——亦即每个社会甚至群体所规定的道德规范——来判定?抑或是根据普世的原则,它们确定了每一个道德主体需要不断努力达成的理想目标?这一难题是否无解?阿克塞尔·霍耐特在《为承认而斗争》末尾讨论了这个问题。[14]道德究竟寓于施加于伦理生活之上的普世原则,还是取决于特定历史情境所决定的伦理生活?霍耐特指出,如果依据前者,伦理生活被压制于普遍原则之下,从而或多或少地被贬值了;而倘若遵从后者,道德标准因时因地而异则被相对化了。为了超越这个难局,霍耐特提出合乎伦理的生活中的"结构性元素"可以从"各式各样的人生之复数总体"当中被"带有规范意义地抽离出来"。与康德捍卫个体自主性、认为每个人自身都是自我成就的目的本身的立场相比,霍耐特更偏向于黑格尔关于主体间性的论述,认为每个人通过他人的认同而获得自我实现。事实上,这种"承认的体验"(experience of recognition）是一切自信、自尊和自重的前提，通过这三种情感，自我在与他人的互动中得以实现。在后来与南希·弗雷泽的辩论中，霍耐特指出，为获承认而斗争的体验是最为根本的，舍此则无从谈论再分配（redistribution）以及社会正义（social justice）的问题，而不是应该先解决后者再去追求前者。[15] 为了证明这一观点，他强调道，在历史上的社会运动中，尊严被践踏的议题几乎总是先于要求改善物质条件的诉求而出现。霍耐特以黑格尔式的观点来讨论伦理生活的尝试无疑是富有建设性意义的，因为它填补了一个社会学分析中的空白，并正视了社会生活中充满冲突的本质：一方面，对主体间性的强调在社会层面上的道德规范与个人层面上的道德主体性之间架起了桥梁；另一方面，对动员（mobilizations）的强调将社会关系中的冲突重新整合在一起，而专注于道德与伦理的研究经常忽视这一点。

以上简要地回顾了道德哲学与人类学对伦理的讨论。它表明，不管是通过康德还是亚里士多德、涂尔干还是福柯的思想来讨论伦理，采用普遍性或是相对性、个人的或是主体间的视角——伦理在本质上都试图界定何为好的人生，以及说明人应该如何做才能实现这样的人生。但是，还有另外一个鲜少被讨论的问题,那就是生命本身被赋予的价值,以及当代社会如何将它看作至高无上的善。这也是我所感兴趣的问题。为了将我试图提供的答案与上述的伦理观相区别,我将"合乎伦理的人生"置换为"生之伦理"的概念。这样一种对伦理与生命关系的重新表述可以说是来源于尼采对道德的相似论述:"我所真实关心的事情比推销我的或是他人的假设要更重大……亦即,道德的**价值**何在。"[16] 我之所以提出这样一种视角的转换,也是意在探讨生命的价值何在,以及由此衍生的伦理和政治意义。在下文中,我将首先分析身患重病、生命垂危的人们所处的境遇,然后探寻救死扶伤和舍生取义之间存在的紧张关系。

和其他西欧国家一样,法国从二十世纪七十年代中期开始,逐渐关闭边境,不再接纳移民。起初的诱因是当时的原油危机及其带来的经济衰退,以及一些结构性的变化,例如工业的机械化导致对普通非技术工种劳动力的需求大大减低。[17] 这些限制首先针对的是劳工的迁徙,但很快波及家庭成员移民申请,以及一些长久以来外国人得以获得居留准许的情形。即便是已经在法国居住数年的外国人也受到了影响,他们发现当局开始拒绝换发居留证。

寻求庇护的难民也对这一政策变动感到忧虑,虽然他们的诉求有国际公约规定作为支持,但人们也通常指责难民中存在很多试图通过政治避难来实现经济移民的人。在三十年内,难民身份申请的通过率从90%以上骤减到不满10%。

在这各种合法移民渠道都骤然关闭的情形下,存在着一个独特的例外,也就是所谓的"人道主义原则":它应用于那些生命因为重病受到威胁,并且在本国无法获得有效治疗的无证移民。[18]它规定,只要拥有医生出具的证明并经过官方认定,这些病人便有资格获得暂时的居留权并得到治疗。这一权利的认证是各个人权组织与人道主义非政府组织长期以来努力游说的结果,开始是赋予地方政府代表灵活处置的权力,继而过渡到对这些病人暂时不予驱逐出境但并不承诺正式身份,最终扩大为一个普遍的原则,即给予他们暂时居留权以及工作和免费获取全民医保的资格。这一新规很快获得了广泛欢迎,并迅速成为无证移民获得居留证最常见的途径。1997年,也就是新规定通过之后的第一年,455名移民通过它进入法国;2005年,这一数字暴增到7737,也就是不到十年产生了17倍的增长。也是在2005年,法国负责保护难民和无国籍者的部门只对4184名申请者给予了庇护,而同时有高达55,678名申请者被拒绝。[19]首次通过人道主义原则申请居留者的成功率高达60%，而难民资格的首次申请成功率则只有8%。这意味着，一个身患重病的人获得合法移民身份的机会比一个受到政治迫害的人要高7倍。当然，在前者的申请中，当局可以依赖医生出具的证明，而后者则只能选择相信或不相信申请庇护者的一面之词——而这显然已经远远不够有说服力了。

让我们来看一个具体的个案，来说明对待移民和申请庇护者的道德态度是如何演变的，以及这些变化如何切实影响了人们的命运。在二十世纪九十年代初，一位年轻的海地妇女来到法国，她对我讲述了自己的故事，她的经历悲惨但并不新奇。在1991年军事政变后，她的父亲作为政权反对派被不知名的袭击者谋杀，几个月后母亲也离奇消失。一天，当她和男朋友独自在家时，几个男人闯进来并轮番强奸了她。在当时动乱的情形下，她不确定这是一次有预谋的袭击还是某种随机的暴力。在姑姑家躲了一段时间之后，她试图从创伤中恢复过来，决定离开海地，和很多人一样去法国寻求政治庇护。当时，来自海地的难民是申请者中第三多的群体，而成功率却是最低之一，首次申请者只有3.3%，通过申诉也只不过达到7.1%。[20]和大多数人一样,她的首次申请被拒绝了,她只好长时间躲藏在哥哥家里,怕被作为无证移民逮捕并驱逐出境。过了一段时间,她的身心健康进一步恶化了,同为无证移民的男朋友带她去了医院,在那里她被诊断为艾滋病患者。这一病痛很可能来源于她所遭受的性暴力,并且侧面证明了她所讲述的经历是真实的。于是她再次通过人道主义原则的程序来申请居留,并很快获得了临时身份证。事实上,当时移民中的艾滋病患者有着超过90%的成功率。[21]通过治疗,她很快恢复了健康,几个星期后,带着合法居留的证件和治疗反转录病毒的药物回到了哥哥的住处。

在这段时间里,寻求庇护而不得的难民们经常被他们的律师、想要帮忙的人权行动者和怀有好意的官员们询问起健康状况,问他们是否患有某种可以通过人道主义原则来申请居留的严重疾病。然而能够满足这一条件的人毕竟是少数,这导致难民当中浮现一种吊诡的失望情绪,亦即倘若一个人并不患有危及生命的重病时,他/她的最终选项也被封闭了。一位尼日利亚工程师在学习结束后先是留在德国后来搬到法国,对这一健康与移民权利之间的奇特关系看得很清楚。在终于被诊断为患有晚期艾滋病后,他最终获得了暂住证。唯有渐次恶化的健康才能换取这一来之不易的合法身份。他悲哀地对我说:"这个正在杀死我的疾病也是唯一能够让我活下来的东西。"

　　凭借人道主义原则实现移民的数目在增长,通过获取庇护的权利而实现移民的数目在下降,这让我们看到二十世纪最后十年所奠定下来的、在看待生命的两种方式之间的区别。这一区别作用于两个不同的层面上:对生命构成的威胁以及用来说明威胁存在的证据。就威胁本身而论,难民身份是对政治性危险的回应,而人道主义原则则是对病理性危险的回应。就威胁存在的证据而论,官员和法官们通过生平和传记元素来决定是否动用国家权力给予庇护,而医生们则寻求生物性的证据来获得一个诊断。寻求庇护者的申请越来越难,说明政治性危险和传记性的证据越来越难被接受为合理的:官方现在甚至要求申请者出具医学或心理学专家对政治迫害所造成的身体和精神伤害进行的认证。与此相对的是,患病移民的申请通过率居高不下,这说明病理性危险和生物性证据所具有的合法性也在上升:相对充满不确定性的个人叙述,它被看作是实证上更有力也因此更可信的。然而,或许情况并不这么简单。一种疾病看上去是客观和不带价值判断的:它毕竟存在于细胞和器官层面。与此相反,承认对个人的政治迫害，则意味着站在受害者一边，并阐明一种价值判断：这牵涉到对事情的归因和意识形态的区分。因此，接受移民的国家机构通常对所谓的中立判断感到更为保险，而选择不去保护或反对冲突中的任何一方。

这一趋势也反映在近年来对难民和无证外国人的道德判断上。在二十世纪七十年代，逃离皮诺切特政府的智利人比二十一世纪初逃离卡德罗夫治下的车臣人要受到更多的欢迎。政府机构也愿意动用更多资源去解救东南亚海上乘船逃离北越的难民，而选择对地中海满载非洲难民的船只倾覆事件避而不谈。也是直到 1970 年左右，患病或残疾的难民会被看作是失去了社会价值的个体，因为他们只能作为有生产力的劳动者而被接纳。从事危险职业而患病不能工作的移民甚至会被人嘲笑为"阴险病"（sinistrosis）。然而，从九十年代起，同样的身体机能损坏则成为获取移民资格的一种有力的说辞。一种深刻的变化无疑已发生在生命的伦理学当中：作为社会和政治现象的生命价值在减退，而作为自然和生物现象的生命则在增值。对于那些苦苦等待居留证的移民来说，现在遭受政治迫害的证词远远比不上一个艾滋病阳性的诊断更宝贵……

上述两种对生命的认识方式之间的紧张感也体

现在其他截然不同的情境中:例如二十一世纪初的南非。此前,艾滋病已经在整个非洲大陆肆虐多年,而南非的感染率却直到 2000 年后才上升到前所未有的高度。[22] 当时全世界每八个 HIV 阳性的病人当中就有一个是南非人,并且南非全国怀孕的妇女中每四人中就有一人感染了艾滋病。人口学者给出了暗淡的预测,二十年后出生的人群平均预期寿命也会缩短二十年。虽然这一论断后来被澄清为仅针对黑人群体所作的预测,但这无疑也让事态显得更加严峻。[23] 在缺少治疗的情形下,上百万人面临死亡的威胁,并且也危及这个"彩虹之国"中种族多样性的存续,最为悲观的预测认为失去大量人口之后,南非将会变成一个黑人只占少数的国家。更为令人心碎的是,仅仅在数年前,南非才刚刚走出种族隔离的阴影,克服重重困难,以和平的方式完成了向民主政体的过渡。在很多人眼里,南非似乎遭受了无法摆脱的诅咒,刚刚脱离历史遗留问题的困境,又要面对令人毛骨悚然的新敌人。此外,这场流行病学的危机更与一种认识论上的危机相重叠:国家元首和多名卫生部长都曾公开发表不合适的言论,质疑这场瘟疫的病毒起源,并对控制反转录病毒药物的效用和安全性进行毫无根据的批评。他们将艾滋病的迅速传播归因于贫穷,并要求对新近引入的药物疗法进行更多的临床试验。这些持异见者所散播的言论来源于十几年来西方社会中持续质疑艾滋病病因和业已行之有效的药物疗法的少数科学家，并且其浓重的阴谋论成分更与南非国内"真相与和解委员会"（Truth and Reconciliation Commission）所揭发的某些隐情相互唱和。事实上，正是在一次公开听证会上，人们发现某些白人至上主义者曾阴谋对南非黑人进行某种化学与生物武器攻击，包括将含有 HIV 病毒的物质注入妓女体内，以此来进一步传染更广大的人群。公共舆论很快就变得火药味十足：一边是政府官员指责西方制药工业利用非洲病人来做"世界其他国家的试验动物"，而另一方则是病人群体怪罪政府不能及时提供有效的治疗，让他们只能等死，有些人甚至把情形比作"针对穷人的大屠杀"。然而，这些夸张的修辞也遮盖了某些更深层次的真相。

在争议最激烈的那段时间，我曾在约翰内斯堡的金山大学（the Witwatersrand University）举办的一场辩论当中，目睹这些真相如何浮现。两位防治艾滋病事业中的著名人士先后登台。第一位是"治疗行动促进会"富有魅力的主席，这个倡导组织为了帮助病人获得控制反转录病毒的药物，曾根据 1996 年宪法中《权利法案》"每个人都有生之权利"(the right to life)的条文而对政府发起法律诉讼。在一番激情洋溢地批判卫生部政策的演说结尾,他提到一位最近死于艾滋病的女人,她身后留下了三个从出生起便感染了 HIV 病毒的孩子,然后断言政府官员们"就是杀死这些孩子的从犯"。然而第二位发言人正好是政府防治艾滋病项目的官方负责人,一位从未对持异见者们的言论表示过同情的女士,也是有着良好名声的公务员。她试图与总统和卫生部门高管的不经之谈保持距离,同时提醒观众们,包括她自己在内的广大黑人群众能够从受歧视的低等种族翻身成为拥有平等权利的公民是多么不易。她指出,前政权留下的种种遗留问题也给她今天的工作造成了巨大的困难,诸如医疗系统中的种族隔离问题,经济资源和技术工种人手的严重短缺等等。听着前一位发言人对政府的尖刻指责,她显得十分无奈。事实上,她每天的工作都在面对如何将极其有限的资源用来应对多方面需求的问题,哪些事项刻不容缓,哪些病人能够优先得到治疗,"最大的挑战在于不得不作出这样的选择"。她试图向观众描述这痛苦的两难处境,并保证永远不会忽视这个国家现实中存在的结构性不平等问题。"这是一个关系到公平原则的问题。"她离开讲台之前最后说,眼中泪水在打转。

在媒体所乐于报道和夸大的这些戏剧性冲突之外，我从这两个人——倡导者与政府官员的意见交换当中看到了面对疾病肆虐的人们所需要考虑的更为基本的问题：与通常的叙述相反，这里发生的不是真理和谬误的冲突，而是两种不同真相之间的冲突；不是有道德的一方去谴责不遵守道德的一方，而是两种不同伦理之间的对峙。倡导者和医生一方所保持的基本信念是每个生命都同样重要。报纸上充斥着病人如何因为缺少药物而濒临死亡的报道，并配有因母亲未能及时接受治疗而导致出生便带有HIV病毒的婴儿照片；至于具体政策的实施难度、药物本身有限的治疗效果以及危险的副作用，还有如何落实居住在边远地区甚至完全不知道自己患病的病人的问题，则都一笔带过。另一方面，公共卫生和社会发展领域的专家们则指出整个医疗体系存在诸多问题，会使得人们在基本的食物和住房需求尚且得不到保障的情况下，去面对医疗体系之排查不力、医疗事故伤害，以及临床医疗福利分配中存在的深度不平等。在这个深受几十年种族隔离制度伤害的国家，他们担心某些艾滋病防治措施一旦被采用，会进一步加深医疗体系中的两极分化。从这个角度看，公共的利益必须置于个体所得之上。

于是，我们看到一部分人的底线在于每个生命的价值都得到确认，而另一些人则坚持所有生命的平等才是当务之急。"治疗行动促进会"的主席并不是对社会正义无动于衷：为了帮助所有在公立机构中的病人获取药物，他甚至冒着生命危险，拒绝接受本可以帮自己延长寿命的治疗。国家艾滋病防治项目的主任也并非缺乏同情心，她自己作为一个母亲和产科医生的故事当中也充满艰辛，这也给了她为儿童福利事业奋斗终生的信念。但两种不同的伦理学姿态在这里发生冲突：是救下一条性命重于一切，还是在面对全部人口的资源发放中首先注重公平。前者强调个体的、生物学意义上的生命，而后者则是集体的、社会意义上的生命。最终，倡导药物推广的一方获胜了，抗反转录病毒药物被发放给公立医院当中的病人，使得很多人获益，但能够接受治疗的毕竟只是少数。与此同时，国家层面的调查显示不平等加深了，黑人人口当中的三分之一每天收入不到两美元，每四个人中就有一个人忍受饥饿，特别是在农村地区。[24] 然而，这一现实所引起的国内与国际媒体关注比艾滋病问题要少得多。

不论是法国的移民与难民政策还是南非关于公共卫生和防治艾滋病药物的辩论，都体现出两种不同看待生命方式的冲突：是强调生命的物理存在以及生物学维度，还是更多地注重生命的社会情境和相关的政治维度。在《牲人》(*Homo Sacer*)中，阿甘本提出"生命"一词存在两种相互区别的含义，并分别对应古希腊时期的文本中两个不同的词："*zoē*，表示所有生物所共有的、作为一种简单事实的'活着'"，以及"*bios*，表示适合于某个人或某个群体的生活方式或形式"。他将前者称为"赤裸生命"(bare life)，而后者为"有质量的生活"(qualified life)*。[25] 然而，在此后的另一部著作中，他又澄清认为这一分别只在作为某种研究范式的意义上才具有解释功能，并不应该被用作现实存在生命的再现；它并不能准确描绘个体的经历，而更多地反映了社会如何对待个体生命。在很多情形下，这一理论被按照字面意义进行诠释，来说明难民或是身患重病的人可以被等同于"赤裸生命"，从而被剥夺其社会与政治维度。阿甘本本人对此解读的态度也不无暧昧之处，虽然他曾多次进行过辩白。这也是为什么我认为 *zoē* 和 *bios* 这对名词容易产生某种本质化的解读，因此在本书中更倾向于采用"物理的/生物的"以及"社会的/政治的"这两对形容词，并让它们之间产生复杂的互动和稳定的构型。

---

* 人在政治共同体中的善好生活。——译者注

有意思的是，上述法国和南非的两个个案中存在两种不同的时间性（temporalities）：法国的政策是从倾向于政治性的收容难民政策滑动到倾向于生物性的人道主义救助政策；而在南非的争议当中，我们看到强调社会维度的公正性与强调物理维度的救治倡导活动同时并存，并产生竞争关系。但殊途同归，最终都是物理的/生物性的生命观占了上风，压倒了社会的/政治的生命观。这一趋势显示了所谓"生命合法性"（biolegitimacy）的兴起，亦即认为生命本身即构成某种至高的善，并且任何行动都可以最终以此名义来被合法化。[26] 这里所说的生命无疑是物理/生物学维度至上的——而在众多情形下反对并压抑了社会与政治意义上的生命。对法国政府来说，患病的移民所面对的生理性威胁似乎要比寻求庇护的难民所面对的政治威胁要更值得关注。在南非社会中，艾滋病患者的生物性存在所经受的风险看上去比穷人社会生活中的不平等现象更加不可忍受。在对前苏联切尔诺贝利核爆炸后果的研究中，阿德里安娜·佩特里纳（Adriana Petryna）指出当地居民如何只能通过其生命及健康状况来行使自己的社会权利，例如只有证明自己的健康如何受到影响才能成为真正的乌克兰公民。她这样写道："一个人群受损害的生理状况成为了确立社会成员关系以及争取公民权的基础",其意义不仅限于获得与核泄漏事故所造成的健康损失相应的财务补偿,而更是去争取政府曾承诺给他们的社会福利。[27] 与此相似的某种"生物性公民权"(biological citizenship)也体现在法国对患病无证移民给予居留权以及南非艾滋病人如何成为倡导自身医疗保障的行动者这些个案当中。

本雅明和阿伦特都曾对将生命化约为其物理存在的现象表达过忧虑。在《暴力批判》一文中,本雅明写道:"所谓'活着比正当地活着要更优先'是错误和可耻的说法,如果'活着'只意味着生命的存续而已。"在《论革命》一书中,阿伦特谴责了"现代社会政治上最为有害的一种教义,亦即生命本身就是最高的善,以及社会中的生命过程应该占据人类一切奋斗的核心"。[28] 与这两位作者不同的是,我的观点并非想要去规定孰对孰错,而是试图提供一种分析视角。换句话说,我的初衷并非是像本雅明与阿伦特一样,去谴责"生命本身"所获得的显著地位是如何掩盖了使人与其他生物相分别的社会与政治维度。相反,我们应该认识到"生命本身"的显著地位已经成为一个实证研究可以奠定的事实,并分析其理论上的种种涵义。正因为"生命本身"的重要性容易被当成某种自然的、不言自明的事实,我们才更迫切地需要正视它。确实,生命的物理和生物性维度似乎具有不言自明的物质存在,然而社会与政治生活则似乎难以捉摸。对前者的威胁总是能够唤起广泛的同情和抗议,例如当媒体上刊登出偷渡往欧洲途中遭遇海难而溺死的难民、又或是非洲身患重病的婴儿照片时;然而政治庇护申请者所面对的种种困难,又或是一个问题深重的医疗系统中所存在的不平等现象带来的风险,却无法引起同样的反应,甚至鲜少被当作公共议题来呼唤关注。在这里,我试图展示一种批判性的思考方式,去揭示为何某些事实被鲜明地呈现、而另外一些则被掩盖。我们需要弄明白,某种特定的"生之伦理"是如何将"生命合法性"置于无可争议之地,而更容易去质疑法律上的保护和社会正义问题。

那么,生命合法性是从何而来的呢?本雅明所说的"生命神圣性之教义"以及阿伦特所说的"生命本身即至善"都来源于某种基督教传统在宗教本身衰落后的遗存影响:它是本雅明笔下"业已衰弱的西方传统的最后孤注一掷,去找寻那已经消失在宇宙不可解谜题深处的圣徒";也是阿伦特所强调的"在基督教社会肌理内部运行的一种近代的反转……让那关于生命神圣性的基本信念得以存活,甚至在世俗化和信仰日薄西山之际仍坚定不移"。[29]如果说当今政治中仍永恒存续的宗教概念使得我们仍可以讨论某种意义上的政治神学，那么为了分析当代伦理学讨论中存续的宗教概念，我们也应该可以想象一种伦理的神学（ethical theology），虽然这一伦理问题的讨论可能以完全世俗的方式被呈现。[30]这一伦理神学的核心，便是将生命视为至善的价值观，而其根源正是基督为救世人，而甘愿作为牺牲被钉死在十字架上。2003年发生在厄瓜多尔的一起监狱抗议事件正是动用了这一基督教的象征：被关押在厄瓜多尔最大的监狱的34名囚犯决定将自己钉在木制十字架上，以此抗议当局对他们的非法拘押和他们在监狱中经受的各种可怕折磨，他们未经判决，也得不到审判的机会。[31]在媒体和公众面前重现这一基督教传统中最重要的情节，可以说是这些囚犯用关于牺牲的伦理神学去反抗政府残酷镇压的手段。他们的斗争中含有深刻的救赎论（soteriological）意味，希望通过自己受难，去保护未来的囚犯不再遭受同样的命运。事实上，他们宣布抗议活动不会因为个人境遇得到改善而停止，而是要争取到更为长远的法律变动。

救赎他人的生命与牺牲自己的生命：这便是生之伦理当中两种互为镜像的姿态。这两种姿态的冲突，也体现在巴勒斯坦被占领地区的人道主义救援与殉难行为所构成的核心困境中。

近年来人道主义援助的发展趋势，可以称为是生物合法性地位上升的显著证据之一。[32] 通常认为人道主义是从早先试图在英国、法国和美国终结奴隶制的运动中起源的，但是无论是十九世纪末红十字国际委员会等机构的诞生，还是一百年后"无国界医生"组织（Doctors without Borders）对红十字精神的复兴，都是人道主义发展历史中的重要里程碑：从促成了国际红十字运动的索尔费里诺战役到二十世纪六十年代的尼日利亚内战，人道主义援助遵奉的信念是去救助尽可能多的生命，开始着重于参战双方的军人，后来延伸到受战争波及的平民。主张废奴的人道主义和战场上的人道主义精神（及其所衍生出来的灾难、饥荒或瘟疫救助组织）之间存在着一个重要区别，即其所聚焦的领域从人之为人的权利转移到救死扶伤——从生命的社会和政治学维度（例如被解放的奴隶）到生命的物理与生物性维度（例如那些得以生还的受害者）。一位"无国界医生"的前任主席曾经说："人道主义行动能够通过亲身实践一种生命的艺术，来抵抗那些试图消灭一部分人类的行为。给受到死亡威胁的人们无条件提供让他们活下去的帮助能够带来一种愉悦，而这正是我所谓生之艺术的根基。"[33] 美国一位著名的道德哲学家则提出如下的三段式论述："由于缺少食物、庇护和医疗而造成的痛苦和死亡是坏的……通过给援助机构捐款，你可以帮助避免这样的痛苦和死亡，而不需要付出什么重大代价……因此，如果你不给援助机构捐款，你事实上是在作恶。"[34] 以上两则例子无疑是较为极端的言论，将人道主义还原为救人性命以及减少痛苦的行动。其他人道主义行动的参与者则在其目标中容纳了更多的维度，特别是关于人权的部分，如无国界医生的箴言所说："我们治疗一切疾病，包括不义（injustice）。"然而这些组织机构的存在仍然主要是为了救助战争、灾难、饥荒或瘟疫中直接面临威胁的生命——那些亟需救助的生命。

因此，人道主义是基于一种对受苦人们生命的物理和生物性维度的认可和强调之上的。给予认可和强调的不仅限于私人行为者：各国政府和国际救援机构也都采用了这一态度。人道主义救助也由此而成为马克·杜菲尔德（Mark Duffield）所说的"全球治理体系"中的一部分。[35] 在当今世界，也许没有比救人性命更强大的在国际关系中采取行动的理由了。2005年，联合国表决通过了所谓"保护责任"（responsibility to protect）的原则，针对日益增长的种族灭绝、战争罪、反人类罪和种族清洗等风险，这一原则在 2011 年被法国和英国首次动用作为对利比亚发起军事干预的理由。虽然在原则上，军事干预被认为是当所有外交磋商和经济制裁都以失败告终后的最终选择，这一新的国际事务准则让我们看到，某些国家如何以人命关天的紧急情势作为借口而出兵干预另一个国家的主权，即使在利比亚的个案中，后续调查显示当初声称的大屠杀风险可能是被捏造出来的。

人道主义原则的行动力也并不局限于那些救援行动的效果可以用救助性命的数目来衡量的情形中。巴勒斯坦地区提供了一个很好的例子：客观而言，并没有那么多的生命需要挽救，因为以色列的军事占领和对巴勒斯坦人的压迫并不会造成大量人口死亡，除了在偶然发生的以色列军事行动中造成的伤亡；也是因为那些受伤和患病的巴勒斯坦人大多可以得到本地医疗机构的救助，而这些机构的资金大量来源于国际援助。在这一情形下，似乎没有多少人道主义干预的必要。然而，联合国近东巴勒斯坦难民救济和工程处（UNRWA）（工作涉及居住在以色列占领地区和邻国的五百多万巴勒斯坦人）和若干主要的非政府组织，包括无国界医生和

"世界医疗团"(Doctors of the World),几十年来都不断增强其在巴勒斯坦的人员配置。然而,如果没有那么多人濒临死亡威胁,他们的工作是出于什么目的呢?在巴勒斯坦占领区,精神健康成为一个尤其重要的人道主义援助项目,特别是针对精神创伤及其被称作"创伤后应激障碍"(PTSD)的临床表现,在1980年被纳入国际疾病分类法后,提供了人道主义援助的新增长点,并完美地契合了这些国际组织的干预行动。

通常意义上的精神创伤以及作为精神医学术语的创伤后应激障碍在这里代表了人们经受暴力事件之后可能造成的后遗症,并成为针对这些受影响个体的医学援助的行动理由。这些疾病名称提供了一种能够传达巴以冲突如何给当地人民造成深重磨难的语言,从而形成了具有公共性的证词(public testimony)。创伤成为暴力的道德所指(signified),而创伤后应激障碍则成为它在临床上的能指(signifier)。以此,精神生活便成为社会生命(例如压迫)和物理生命(例如机体感受到的痛苦)的一种替代物。然而,实证研究揭示了这类医疗援助及其所使用的语言能够达到的效果是有限的。[36]一方面,精神医科专家因为医疗干预的动荡环境而无法达到治疗的最佳效果,正常情况下需要进行的跟进治疗经常无法实现。另一方面，医疗援助人员发现自己无法在能够鉴别的临床症状和他们想要谴责的压迫行为之间建立清晰的因果关系，因为精神创伤通常有着极为复杂的起源，在多数情况下需要追溯到病人童年的亲密体验。

既然如此，人道主义医疗人员除了表现出与巴勒斯坦人民团结一致的姿态之外，怎样去合理化他们在以色列占领区的工作呢？没有那么多人受到生命威胁，也无法好好地救治病人，甚至缺乏证据去建立临床观察与病人所经受的暴力之间存在的联系，无国界医生和世界医疗团以不同方式收集各种悲惨故事和令人心酸的场景，试图以此来将以色列占领区的经历及其导致的压迫和对人权的侵犯诉诸语言。[37]但是这些见证也引出了两类介于伦理与政治之间的问题：其一，对个人叙述的关注经常会弱化其发生的历史背景，而对临床表现的记录和解释则避免谈论背后导致悲剧发生的结构性因素。这种忽视历史与结构性分析维度的问题，集中反映在精神创伤的诊断过程中，因为很多在真实生活中或是通过电视报道目击了占领区的暴力镇压的以色列人也表现出和巴勒斯坦受害者类似的症状，然而作出同样的诊断却似乎在压迫者和受压迫者所经受的痛苦当中画上了道德的等号。如果让双方互相体认由于巴以冲突而引发的精神创伤,那么他们难以相容的政治立场则似乎被消解和否认了。因此,在暴力被承认的那一刻,它也同时被否认。其二,将一部分巴勒斯坦人(特别是其中的年轻男子)描述为暴力受害者,无意中破坏了他们自己所认同的争取独立建国和反抗占领者的积极行动者形象。在国际公众眼中,强调他们所经受的精神创伤无疑能让这些武装分子变得更具人性,但却也深刻地置换了他们武装反抗行动本身的意义。心理学意义上的坚强韧性(resilience)取代了政治意义上的抗争(resistance)。因此,在人道主义组织试图在国际舞台上对巴勒斯坦人民所受的苦难作出证词时,他们也剥夺了后者以自己的声音和不同的修辞来发言的权利。

归根结底,当历史与结构性的分析维度和冲突中的行动者本身的声音同时被悬置,处于人道主义精神核心的一种生之伦理将面临一种核心困境:它试图超越生命的物理维度,告诉人们人生不仅只是为了活着,而更需要关注其精神生活与社会维度;然而,人道主义行动的合理性却又仅仅来源于行动者本身的医学专业素质。因此,我们并不应该惊讶,与人权相关话语类似,人道主义救援行动也面临极其严重的信任危机和犬儒主义论调。[38] 在这里,人道主义原则面临着与其传统干预模式相比更加严重的制约因素。

然而，生之伦理还面临着另一种更加令人不安的挑战，它来自另一种引起见证的行动：牺牲自我。古希腊语中的"烈士"（*martus*）一词原意有做见证的意思。大多数西方国家都默许了那些自杀性袭击作为军事行动的合法性，而选择对其造成的伤亡视而不见。这一不言自明的共识或许可以这样理解：发生在以色列领土上的自杀性炸弹袭击不仅侵犯了这个国家的主权，更造成以色列平民伤亡，他们被认为是无辜受害者，因而造成了某种道德性的丑闻（moral scandal）。然而，引起这些自杀性炸弹袭击的那些对巴勒斯坦主权的侵犯以及巴勒斯坦平民在数量上不成比例的伤亡，则从未引起西方世界同等程度的公共愤慨和声讨。这说明事情并非表面上看上去的那样简单明了。

我们可以从一部题为《生命宝贵》（*Precious Life*）的以色列纪录片中，窥到少许解读这一伦理困境的线索。[39] 这部电影讲述了一个加沙地区出生长大的小男孩的故事，他天生患有自身免疫性疾病，同样的遗传疾病已经夺去了两个哥哥的生命，唯一的现存治疗手段只有进行骨髓移植。一位富有同情心的以色列小儿科医生建议在特拉维夫的一所医院里给他施行移植手术,并请一位记者友人通过电视网络来帮忙筹到手术所需的款项。目睹这个孩子的困境,一位不具名的犹太人富翁决定捐一大笔钱来共襄善举,前提条件是能够找到与孩子血型相配的骨髓捐赠者。在漫长的等待过程中,记者采访了孩子的母亲。这位年轻母亲则冷静地回答道,死亡对她的族群来说是最平常不过的事了:"从婴儿到老人,我们所有人都愿意为了耶路撒冷而牺牲自己。"震惊的记者反问她,是否愿意让自己即将通过手术而避免夭亡命运的婴儿成为其中一员。母亲的回答是肯定的:"每次袭击当中,都有数十名我们的族人被杀死;而你们每损失一条人命,全世界都为之震惊。这对我们来说已经成为常态。"在纪录片的旁白中,记者的声音显得尖刻和沮丧,好像这个女人缺乏真诚并不知感恩,他意识到自己正全力争取救下的这个孩子的生命,可以被他自己的母亲随时牺牲掉。事实上,纪录片观众稍后将了解到,这位年轻的母亲事先知道这场谈话将被录像,因此特意这样回答,用来让那些怀疑她是否忠诚的舆论无话可说。"证明我仍然是他们中间的一员。"纪录片随后讲述了 2008 年底,预定举行骨髓移植手术的日期前不久,一场代号为"铸铅行动"的军事行动造成了一千四百多人死亡,其中大多数是平民，超过四百名死者是妇女和孩子。随后对加沙地区实行的封锁使得手术不得不延期，而孩子的健康迅速恶化。最终，手术还是克服重重困难顺利进行，保住了他的性命。这个看似大团圆的结尾却伴随着另一场悲剧的发生。在加沙遭受军事袭击期间，一位曾因其倡导和平的努力而出名的外科医生遇上了纪录片导演，愤怒地谴责他说："你们为了救下一个人，这部片子已经拍了多久？但是你们杀那么多人，只需要一秒钟的时间。"原来就在几分钟之前，他的家刚刚遭到轰炸，三个女儿无辜丧生在炮火和瓦砾中。

回顾这部纪录片中记者和孩子母亲之间进行的两场对话：在第一次谈话中，她宣称自己甘愿让孩子牺牲，但在第二次谈话时，却承认自己这样说是为了平息族人的不信任。生命在这里被书写为两种不同的构象，并具有相反的意味：一面被看作人道主义，另一面则是恐怖主义；一面是起死回生，另一面则是舍生取义。属于同一个小男孩的生命在这两场谈话中获得了截然不同的涵义：以色列医生在记者和捐赠者的帮助下，愿意通过外科手术来保住他物理意义上的生命；而母亲在谈话中所强调的、为族人福祉而愿意牺牲的，则是政治意义上的生命。然而，纪录片导演含蓄地指出，这两种涵义在某种程度上是可以相容的：从一个人体内取出的骨髓组织，被移植到另一个身体里，这一行为可以被看作当地充满矛盾冲突的近代史的某种隐喻。事实上，以色列医生在对巴勒斯坦母亲解释孩子的病情如何危重时，采取了一种意味深长的方式："在移植手术之后，植入的活体组织通常会在病人体内引发排异反应。两种相异的力量之间发生某种冲突，但又必须学会共处，带着它们各自的意愿，因为唯有接受共存，才能一起继续存活下去。"在这个小男孩的身体里，我们看到以色列的诉求和巴勒斯坦的抗争同时在想象中被勾画出来：它甚至暗示了某种幸运的结局，在那里，生物的和政治的生命得以相依共存。

然而，我们不应忘记以色列记者在母亲的回答之后所表达出来的深深失落。这反映了他所面对的困境和达成理解的困难。"我们认为，生命至为宝贵。"记者说。"不，生命并不宝贵。"母亲回答道。两种生之伦理在这里交相辉映：记者将生命作为目的，并不惜一切代价去捍卫它；而母亲则将生命视作手段，通过牺牲从而重获自由。当然，他们也面对各自处境中的矛盾：记者需要正视以色列军方的轰炸所造成的数百名平民死亡；而母亲则承认上述发言是为了让阿拉伯族人不要怀疑她的忠诚。这两种生之伦理之间的差异,最终归结于人出于某种目的而终结自己性命的可能性当中。这也同时成为自杀性袭击所带来的道德丑闻之根源。

塔拉尔·阿萨德(Talal Asad)曾反思为何自杀性炸弹袭击比同一场冲突中正规军事行动造成的平民伤亡要更能引起愤慨和恐惧。[40]除了暴力本身的突发性和悲剧性、袭击现场的死伤狼藉和无辜受害者被罗列的姓名,还因为肇事者不惜放弃自己的生命去杀死别人这个事实本身令人无法理解、难以承受:不是把炸弹留在别处,而是以自己的躯体为武器来屠杀别人。即使自取性命的个体并未曾伤害他人,这类行为仍然难以被容许。在监狱中进行绝食抗议这一政治姿态会被认为是可骇的丑闻,这样的例子屡见不鲜,从1981年在北爱尔兰监狱中绝食而死的波比·山德士及其被囚禁的战友,到以色列关押期间绝食抗议的巴勒斯坦政治领袖马尔万·巴尔古提等等。在关塔那摩监狱,美国军方甚至不惜将囚犯们绑在椅子上,用胃管强迫他们进食来避免他们绝食自杀。芭努·巴尔古自2000年初起就持续研究和关注土耳其监狱中的几百名囚犯,他们为了抗议非人道的监狱状况而绝食抗议,其中多名囚犯在绝食行动最后死去。她在研究中详细描述了这一抗议独裁的极端形式,其中人们如何将自己的生命用作一种武器。[41]在庞大的监狱体系深处沉默地自杀，是这些囚犯选择宣示自己"生命主权"（biosovereignty）的最终手段。这样一种挑战对国家来说是难以忍受的，甚至于在美国监狱中，获得死刑判决的囚犯都要受到特别严密的监控，来防止他们自取性命。为了迎接死刑的到来，他们必须活下去。如果他们中间有人自杀，这无疑显示了权威当局的某种巨大的失误，被剥夺了行使带有主权意味的屠杀行为之机会。这些自取性命来宣示其死亡的政治性的行为强烈地挑战着道德规范的边界所在。[42]这样的姿态肯定了一种被当代西方社会全面拒斥的伦理学，以至于人们已经无法认清它到底是什么。这样看来，那些散见偶发暴力性事件——其中包括相当一部分青少年或妇女，使用例如剪刀和菜刀之类看似微不足道的武器——也标志着与此前军事抵抗行为的一个清晰的分别，因为炸弹袭击至少需要一定程度的技术支持，并假设会造成较大规模的人员伤亡。如今，这些袭击者心中充满了绝望，通常是独自行动，拿着临时制作的武器，去进行无异于变相自杀的攻击行为。

自古以来，何为符合伦理的生活这个问题便居于道德哲学的核心，并在近年来衍生出道德人类学领域大批富有成果的研究。虽然如此,我在此试图转换问题的角度,不去问什么是善与好的人生,而是在何种条件下,生命被看作是善的本体,甚至于是最高形式的善。基于我此前二十年中开展的研究工作,我举出两个平行的例子来说明这一问题。法国的移民和难民收容政策与南非围绕公共卫生与社会正义的争论这两个平行个案让我得以说明人生的生物性与政治性维度,并得出前者倾向于压倒后者的观察。然而,这两个维度之间的分别及其相互关系的发展趋势在话语中比实践中更为明显,而社会中的行动者也通常试图同时在话语层面和实践层面施加影响。可以确定的是,动员人们的道德情感来救助受疾病威胁的个体生命要比动员人们去保护受到暴力或不平等影响的生命更容易。在本章第二部分,我们看到人道主义原则下对他人生命的救助与武装抗争中的自我牺牲形成另一种对照,这使得我们进一步去探索生命的两种维度在救死扶伤与舍生取义之间彰显的区别,以及为什么后者看上去难以理喻,而前者则似乎得到众口一致的夸奖。在这一对尖锐的对立之外,我们可以看到一种相似的预设,即生命本身是人类所能实现的最高的善,这也解释了为何一个被医疗救助的生命面临着在政治冲突中被牺牲的可能性被赋予了如此重要的伦理价值。因此，或许可以说不存在一种单一的生之伦理，而毋宁说是多种不同的体系，其中有的被遵奉，而另一些则被扬弃和压抑。

虽然我的意图是不去避免谈论禁忌——例如生命的神圣性以及牺牲自我的意义等容易令人情绪激动的话题——但我试图尽可能避免作出价值判断与带有规训意味的姿态。我在这里的目的不是去决定生命成为至善这件事是否一定好，或是人们难以理解的别人可能想要舍生取义这件事是否一定不好，而是去分析这些当今世界中真实发生的趋势，以及如何通过这些趋势来理解生命。在"生命合理性"当道的大趋势下，有获得也有失去，有的被彰显、有的则被隐去以致于不可言说：这些才是我想要着意强调的。我的结论则可以归结于如下几点："生物性公民权"（biological citizenship）倾向于影响社会权利的重要性；对物理维度生命的体认通常伴随着政治维度生命重要性的消解；人道主义行动的紧迫性获得广泛合法性，却也减弱了争取社会正义的呼声；以及看似不言自明的救死扶伤的必要性使得人们无法思考舍生取义行为的意义。这些推断当然显得过于概括，并且必然需要经过修整、调和与细化才能更好地说明现实情况的复杂性，如我在此前的工作中所做的那样。然而它们也勾勒出当今世界社会中对生物合理性不假思索的崇尚已经带来了什么样的后果。如诗人马哈茂德·达尔维什在本章开头的引言中所追问的那样：仅仅作为死之对立面的生，还算得上真正的生命吗？这些实实在在的影响，将生之伦理与介于自然性与社会性之间的生之形式，以及人们如何成为评判和治理对象的生之政治联系在一起。

还有一个令人不安的问题需要解决。将生命视为至善的形容，将物理与社会维度的生命相互区分，以及如我所描述的当代社会倾向于优待前者而忽视后者的情形，都似乎是基于某种无形的等级观，它可能是具有误导性甚至危险的。事实上，如果我们遵从亚里士多德对人是"政治动物"（*zoon politikon*）的定义，那么毫无疑义的是人之所以区别于其他生物是基于其生命的政治维度，这明显要优先于人与其他生物所共有的生命之物理和生物性维度。本雅明所说的"活着这一简单事实"、阿伦特所说的"生命本身"，以及阿甘本所说的"赤裸生命"，都明显是他们心目中人生中较为低等的形式，且不应将人生等同于此。与其相对立的，这些哲学家们提出"公正的存在""自由的理念"，以及"有质量的生活"等等，这些概念都将人类存在提升至高于其他生物的层次上。这些术语及其背后的概念网络是用来解释权威或社会如何对待个人,而非如一般错误理解中的那样,用来描述人们真实存在的状态。举例而言,很多国家的政府对待难民的态度似乎将他们的生存缩约至最为简陋的表达,然而这并不意味着这些难民甘愿接受这一处置。这两种分析层面之间的混淆令人遗憾,这种混淆倾向于将难民的生命作贬值化的处理,而这正是难民们所坚持反对的贬低他们自身尊严的态度。同样的分别也可以在所有面临极端动荡生活中的重重困难的人身上看到。

我逐渐意识到这个问题,是在南非的城镇和乡村做关于艾滋病幸存者的田野研究期间:需要承认一个人的生命被对待的方式与他们真正的生活和存在方式之间的区别,并且应该意识到,"活着这一简单事实"正是一种生命形式得以自我实现的前提条件。[43]在那里,绝大多数人口面临极端贫困和严重疾病后遗症的威胁。很多人在艾滋病晚期,意识到自己时日无多,而去找到各种办法来重新发明自己的人生,试图以忧患之身来成就一段符合道德的生涯,或是以为其他病人来争取获取抗反转录病毒药物而奔走作为自己余生的事业。他们所投入的生活同时是生物性的(这些病人甚至与艾滋病毒侵染的身体、药物和体内的白血球发展出某种特殊、亲密并且因人而异的关系），也同时是社会性的（通常带有强烈的宗教色彩，有时兼具政治维度）。他们常常说，所求的无非是某种"正常的人生"（normal life）。其中一位病人如此解释："正常的人生就是人可以过出来的生活：肚子里有饭吃，身边有人陪伴，在社会中受到尊重。"这样的生之伦理如此谦卑却又如此有道理：并不需要去区分物理的、情感的或是道德的维度。

和这些南非病人的对话让我感触颇深，因为在同一时期我正好在读雅克·德里达去世前进行的最后一次访谈记录，当时他已明白自己大限将至。[44] "在某些健康问题变得如此紧急后，"他说，"我一生无时无刻不在被困扰的一个问题——也就是幸存（survival）或是延缓（reprieve）的问题——顿时具有了一种别样的意味。"在这个悲剧性的时刻，幸存——具有"继续活着"（*fortleben*）和"超越死亡"（*überleben*）的双重意义，也就是说尚在世间逗留的时日与身后通过生前的言行而继续存在于世间——将那分秒间流逝的物理生命与使人的名誉得以不朽的社会生命紧紧结合在一起，并消弭了两者之间存在的等级差异。

罗伯特·安特尔梅在他关于二战期间布痕瓦尔德集中营生活的回忆录中，提到他所在的甘德斯海姆突击队中，求生行为所具有的意义[45]："靠吃墙皮活下来的人所拥有的体验，就是最为极致的抵抗行为。这与无产阶级所处的情形中最极端的体验也没有什么区别。"一方面，"对那强迫他陷于如此境地、并不惜一切将他羁押在此，以便让这一悲惨境地看上去显得等同于受压迫人民的全部存在、从而为压迫本身辩护的人，给予我无尽的鄙视"；另一方面，"将那不惜一切代价、吃下东西活下来的努力，赋予我能给出的最高的价值"。因此"为了努力活着，他拼尽全力去肯定一切价值，包括那些他的压迫者试图扭曲从而嘲弄他的事物的价值"。在这样极端困难的情形下去捍卫自己活下来的权利，需要付出超乎寻常的伦理承诺，即便常人很难去理解"这一行为当中所蕴含的伟大"。对安特尔梅而言，人生的物理维度和物质性必须在极端困苦和被贬低的境遇下被保存下来，而这与人生的政治维度是无法分割的——他通过无产阶级境遇以及关于压迫的语言表达了这一点。于此，在无尽的黑暗中看到一点希望的光亮："解放全人类的前景，必须经由这'堕落的境地'。"这些贬低人的暴行本身并不足以剥夺人之为人的资格，于那些经受这些压迫的人的正直品格"毫无损伤"，相反，会剥夺人的资格的是"具有重大意义的人性弱点"，例如那些在困苦中拒绝与狱友共享一顿微薄的饭食的人。"良知的错误并不在于跌倒,而在于忽视这一事实:即跌倒的不幸必须是所有人共同承受并共同面对的。"或许在这里,我们可以看到生之伦理是如何与符合伦理的生命重新相遇并合而为一的。

第三章 生之政治

> 虽然我们的人生通常毫无价值，但那也是人生，而不是开平方根。
>
> ——陀思妥耶夫斯基《地下室手记》

自柏拉图的《理想国》和亚里士多德的《政治学》以降，哲学的一个主要议题便是承认社会对人群负有善加治理的集体责任，也因此必须以全体的福祉为目标来进行组织。在当今世界，政治理论家和政治家们仍然就国家对公民生活的介入如何在追求平等与自由之间寻求某种合适的平衡而进行激烈辩论，具体议题涉及经济调控、社会福利、公共安全和对互联网的监控等等。这些政策问题明显带有伦理学和政治上的维度，特别是涉及处于危险境地的个人和群体时，他们脆弱的生之形式极其容易受到违反道德准则的侵害，此时政治行动则事关重大。

在思考如何建立对人群的善政时,哲学家们经常援引古典理论,这背后默认自古以来人类所面对的问题及其解决方案存在连续性,似乎正义、平等、自由以及民主等等概念提供了一种可以跨越历史时空理解和分析政治的语言。但这种连续性真的存在吗?对米歇尔·福柯来说不是这样的。在福柯看来,十八世纪发生了一个重要的转变,权力和知识开始全面注入到人类生活中去——从生到死,经历性与生育,经由医疗和福利体系,波及到生命的各个方面及其周遭环境。这也就是福柯所说的"生命权力"(biopower)以及更加具体的"生命政治"之含义,这个概念在社会科学领域中衍生出一大批相关研究。

我想要说明的论点是,"生命政治"并不是字面意义所暗示的那样。它所描述的其实更多的是一种治理术(governmentality)而非政治,并且治理的对象毋宁说是人口(population)而非生命(life):生命政治并不是一种生之政治,而是对人口的治理。进一步说,它强调政府行为的技术多于行为的内容本身:它关系到权力运作的方式,特别是"对行为方式的控制"(the conduct of conducts),而不是政治究竟用人类生命做了哪些事情,并如何对待生命。

我所感兴趣的正是这一政治与生命相互关系的未受关注的维度,为了与福柯的术语区别,我在这里使用"生之政治"(politics of life)一词。当我们转换问题的视角——不是技术如何治理人群,而是政治对人生究竟有什么切实的影响——不平等的问题就变得至关重要,因为并非所有人生都受到平等的对待,而这些差别更反映出不同人生命被给予多少价值的区别。现实中存在的生之不平等与基于生命神圣观念的生之伦理之间存在深刻的矛盾:生命既是至高无上与不可剥夺的善,那么自然得出所有人生而平等的假设。而这一伦理学与生之政治之间形成的张力正是我试图在这里分析的对象。首先,我将通过一种系谱学的方法来揭示生命的价值是如何被量化、从而使得差别对待成为可能的。其次,我将基于在法国、南非和美国进行的研究中所整理的田野观察和统计数字,来检视社会不平等如何在人类生命的价值形成中揭示出更深层次的道德等级观念。

在福柯所提出的概念中,恐怕少有比"生命政治"更受关注的了。然而这个词出现于福柯著作中的次数却是微乎其微,并且几乎没有一个明确的定义。福柯若干次声称要给出更为详细的阐发,却从未付诸行动。事实上，在《认知的意志》末尾，福柯简要地分析了从传统主权到生命政治的转换，以及生命如何成为西方政治的基本关注点。他将这一过程称为"现代性的门槛"（threshold of modernity），并区别了其中的两重维度：其一，"人体的解剖政治"（anatomopolitics），涵盖了施加于身体"机器"之上，并意图优化其各项指标、索取其力量、并增进其用处和驯服性的各类"规训"（discipline），最终目的是将个体整合到社会和经济系统中去。其二，"人口的生命政治"，涵盖了对人类整个物种的"调控"，通过对生和死、健康、住房与迁徙的管理来进行。[1] 这样的"生命政治"和"解剖政治"是否如福柯论述中一般首次出现在十八世纪西方社会，尚存在不少疑问和争论，因为某些规则体系、制度建设和致力于人口管控的实践，包括避孕措施、家庭组织、集体公共卫生等等，早在公元一世纪的罗马帝国就有记载，也散见于包括十五世纪的印加帝国在内的其他历史时空中。[2] 在此，我们需要注意的是，生命政治这个概念本身的历史当中最有意思的一点就是它的发明者从未仔细地使用过它，即便是在法兰西学院授课的演讲当中。

1976年，福柯在题为《必须保卫社会》系列演讲中，仅仅用两页纸提到了生命政治，并历数了它所涵盖的领域，大致对应于人口学、流行病学以及公共卫生。随后出现了一个定义："生命政治处理人口的问题……同时在科学的和政治的层面上。"在1978年的《安全、领土与人口》讲稿中，福柯宣称想要开始对自己所谓的"生命权力"（biopower）进行一些系统的研究，也就是"人类最基本的生物特性如何通过一系列机制成为某种政治策略的对象"。然而他的演讲事实上关注的则是治理术、安全系统和国家理性，"生命政治"这个词只短暂出现了一次。更有意思的是，次年发表的题为《生命政治的诞生》的系列讲座虽然在题目中给出了清晰的意向，却并没有最终实现。在开头，福柯解释道，"对生命政治的分析必须在政治合理性的框架下才能进行"，换句话说，也就是"自由主义"，他在结课时的总结中不得不承认，本年的讲座"用了全部精力来处理本应只是开头的内容"。[3] 从那时起，福柯的关注转向了道德问题，再也没有重拾对生命政治的讨论。

既然如此，我们有多少证据用来对这个概念进行分析呢？我的讨论在此局限于福柯的理论，但正如托马斯·兰姆克（Thomas Lemke）所论述的那样，我们不应忘记另一条鲜为人知的思想系谱，它可以追溯到德国的生命哲学（*Lebensphilosophie*）

以及瑞典政治理论家鲁道夫·契伦（Rudolf Kjellén, 1864—1922），他在二十世纪初首次提到了"生命政治"这个词，还有一大批丰富多彩的当代理论，例如迈克尔·哈特（Michael Hardt）和托尼·尼基里（Toni Negri）所论述的"生命政治的生产"（biopolitical production）。[4] 然而，福柯的论述无疑是目前影响最为深远和富有新意的。在他的表述中，生命政治这一概念含有某种富有成果的直觉，因为它在直观上抓住了社会如何发展出日益繁复的调控人类生命存在的机制；然而它又是容易引起误解的，因为他的字面意义并不那么直观。"福柯所说的'生命'和'政治'到底是什么呢？"意大利哲学家罗伯托·埃斯坡西托（Roberto Esposito）问道。埃斯坡西托指出，正如福柯作为《性史》作者经常被人批评缺乏关于政治的清晰论述一样，我们也可以批评他的著作中"鲜少将生命本身作为问题来讨论"。[5] 然而我们还可以进一步指出，生命政治事实上既非政治，也不关于生命。事实上，"生命的"（*bio-*）这个前缀在不同语境下可以用来指涉生命过程、社会群体或人类这一物种，并且福柯论述中的生命政治并不关心生命本身，而是群体存在的人口：我们或许可以改称它为"民众的政治"（demopolitics）。类似的批评也可以用在

"政治"这部分构词中,因为它所涵盖的主要是调控的模式、进行控制的理由,以及施政的手段,而非政治行动的内容,其中包括的争论及采取的行动、所带来的影响以及更多的冲突:因此又或许可改称为"生命的治理术"(biogovernmentality)。

事实上,福柯对生命论述的缺失与对政治的一带而过之间,恐怕是存在着某种关联的。或许这双重的缺失来源于福柯不愿在他系谱学式的批评理论当中掺入社会批评的成分。他想要揭示的是新的"问题形成"过程,而非导致问题的因素或问题造成的结果。他的兴趣集中于当代人习以为常的现象是如何产生的:例如对生育的控制、对死亡率的测量、公共卫生的管理,以及对人口移动的控制——而非在这些现象当中起作用的社会力量。在此需要对这个总体性的观察补充一点:在《认知的意志》中提到"生命权力"的几页中,福柯写道,生命权力"毫无疑问是资本主义发展历程中不可缺失的一部分","离开了那些将身体有控制地安插到生产线上的机制,以及将人口相对经济过程作出调整的能力,(资本主义)都将不可能实现"。[6]然而,这可能是福柯关于生命政治的论述中仅有的一次对马克思主义——以及任何广义上的社会批评——作出的让步。在他晚年的讲稿中,自由主义的提法取代了资本主义；换句话说，也就是市场机制的提法取代了生产关系，而在他对非法主义（illegalism）的研究中相当鲜明的社会决定论（social determinism）则逐渐隐去。至于单数或复数的生命因政治行动而承担什么样的后果，以及所承担后果之间所存在的差别，则不是他所关心或感兴趣的问题。"不平等"并不存在于他的词汇表里。

福柯之后的理论家们纷纷试图将"生命政治"的概念挪为己用，并且不乏有人注意到对生命和政治论述的双重缺失这个问题。相关的讨论可以大致分为两种互为镜像的看法：第一种与社会批评紧密相关，去关注和质问政治如何变得生物化（biologization of politics）的问题；第二种则遵循着系谱学的传统，去追问生物学是如何被政治化的（politicization of politics）。[7]匈牙利哲学家费伦茨·费赫尔（Ferenc Fehér）与阿格妮丝·赫勒（Agnes Heller）认为，政治已经从生命政治当中消失了，他们的批评与其说是针对福柯，不如说是针对当今社会的一种观察。更具体地说，他们认为生命政治实际上是传统政治的反面。后者的目标是普世的，是将挣脱暴政争取自由和解放作为至高价值的，而前者则是具体的，试图推行建筑在所谓自然和科学基础上的社会身份（social identity），例如性别、种族以及关于健康或环境因素的建构等等。换句话说，生命政治是一种关于差别的政治，并以生物学作为语言来合理化其行动；它所关注的是单一的、而非复数的。相反，阿甘本则认为生命政治当中事实上缺乏生命，他很难想象福柯为何不曾指出极权政府事实上代表了生命政治最为极端的表达形式，通过种种措施使得自然领域与政治领域相分离。在他看来，集中营毋宁说是生命政治所达到的最高点，将监狱中的囚犯们化约为仅具有物理性存活的人。因此，他这样来解释统治主权的本原，即来自于某种将"赤裸生命"政治化的过程。虽然他们的分析取径完全相反，有意思的是这两位匈牙利学者和意大利哲学家同时都承认深受汉娜·阿伦特的思想影响。[8]阿伦特在《人的境况》中，确实将劳动定义为用以维持生存的生物性力量，从而区别于工作和行动，后两者能够创造世界并维持人际关系，也因此而成为政治的落脚点。然而，阿伦特不无遗憾地写道，现代性的特点正是寓于生物性日益重要，而政治性则日益式微的趋势当中。

从这个角度来理解，我们可以进一步分析当代社会科学对生命政治的新兴趣，特别是对生命科学及其对人类生活各个方面所施加影响的研究。人类基因组的解析带来了无数科学突破,例如"基因银行"的创建彻底改变了我们对于古人类学的理解;而基因组检测的快速发展有着攻克遗传病难题和增强药物有效性的前景等等。然而这些突破本身也引发了更多的讨论,关于日益增进的知识与技术会带来什么样的后果。有人担忧世界的"生物化"、科学如造物主般主宰万物的力量过于强大,以及优生学可能回归;有的人则对生物医药所能带来的公共健康水平增长,以及生物产业对资本主义未来的贡献抱有期待。[9]然而,所有这些科学进展、技术革新以及思想挑战对社会工作者产生的吸引力,又往往成为对生命政治的又一种颂扬。即使是表达出对其潜在后果的关心的人,其讨论也是流于表面,结果科学对话反犹如一场表演。令人期待也好,恐惧也罢,这类充满未来感的项目因此进一步提升了政治与生命之间的关联。另外,这类研究通常有着某种不言自明的假设,即当今世界中生命与政治之间的关系终将不加区分地影响到每个人,而无关于他们的社会地位和地理位置,上流阶层或是少数族裔,生活在发达还是贫穷的国家。类似这样关于生命政治的论述因此有着过于强调极端情况而忽略日常生活的风险,并将其实施过程中所存在的深刻不平等一带而过。

因此，我对生命政治的批评性理解并非关于生命政治究竟代表了什么，而是它不代表什么。用更准确的话来说，生命政治对世界的表述当中所不允许表述的是什么。我之所以选择在这里使用"生之政治"而非生命政治，就是为了重新思考政治与生命之间的关系。首先，我们需要严格地界定，这里的讨论关系到政治，而不止于治理术；关系到具体的人生，而非泛泛而指的人群。其次，我们需要通过政治如何对待人的生命来考虑两者之间的关系，从而重新引入对普通现象和社会性的思考。为了更好地理解我在这里所界定的生命政治与生之政治的区别，我们可以用人道主义行动作为一个例子。生命政治的研究者会感兴趣的问题可能包括这些人道主义行动所采用的技术、对问题的分析方式及其所提出的基于人群层面的解决方案、人口学和流行病学在确定健康优先级方面所起到的作用，以及如何最终建立某种基础设施用来对人群实行集中管理从而达到对其健康水平进行干预的目的等等。与此相对，生之政治的取径则会关注将生命视作至善的价值观如何去合理化侵犯别国主权的行动；在资源有限的情形下，诸如哪些病人最先得到救治、哪些生命得以存活等等悲剧性的选择如何被作出；以及某种生命价值的等级观如何在人道主义救援中呈现在本国人与外国人中间，最终表达为工资、社会保护、在救助中能够享有的权利之差别，以及在战争状态下，交战双方如何倾向于杀伤本国人，而劫持外国人作为交换人质的条件等等现象。总体而言，生命政治关系到政府如何将生命置于某种认知和管理的框架内，而生之政治则关心这种政治行动的实质性内容。前者的兴趣在于人群管理采取的技术与合理化方式，而后者则聚焦于生命所受对待的差别化，及其所意味着的价值不平等。

因此，生之政治与生之伦理是直接相关的。如前文所述，后者将生命的绝对价值作为分析对象，并探讨生物合理性所意味着的后果；前者则检视对生命所赋予的相对价值，并批评其中所隐藏的不平等现象。因此，这也意味着我们将从单数的、一般意义上的生命转换到复数的、很多特别个体所组成的生命——从理想意义上到实际意义上的价值。[10] 在不同的语境和情形下，生命到底价值几何？这些价值的差异如何能够帮助我们理解它们所对应的社会？在将抽象生命视作至善和真实世界中存在的深重不平等之间，我将探讨这些矛盾，首先来分析过去两千年人类历史中生命如何获得了货币化的价值，然后检视生命价值中存在的差异如何具体地反映在当代美国、南非和法国社会中。

对人类生命进行价值评估最为直接——或者说最为露骨的方式，体现在经济交换的语言当中。美国经济学家托马斯·谢林曾说过，经济学将某种抽象的原则翻译成可量化的事实，例如对一个人的死亡实行一定金额的赔偿。[11]因此，通过检视赔偿金额数量及其计算所根据的原则，我们可以对生命价值的不平等现象得出一种直观的把握。

在《货币哲学》中，格奥尔格·齐美尔追溯了历史上对生命赋予价值的种种做法，他的分析主要基于杀人事件中的罪犯家属被要求赔偿死者家属的金额数量。[12]"用钱来赎杀人的罪"，齐美尔写道，"在原始社会中如此常见，以致于没有必要去逐一举出具体的例子"。然而这一做法的重要性并不仅基于其普遍性，更在于"人生的价值与货币价值之间的关系如此强烈地主宰了法律的概念"。例如在盎格鲁-撒克逊人统治英格兰早期，杀死一个人的惩罚是用所谓的"血钱"（wergild）来计算的，这个词在古英语中的字面意思就是"人的价值"。赔偿数额的计算是以一个自由人的价值（200先令）为基数，进行扣减或翻倍增加。即便是一位被刺杀的国王也有明码标价，尽管罚金的数目会如此之高，以至于任何凶手或其所属的家族群体都不可能付得起。在这种情形下达成的协商结果通常是将凶手贬为奴隶或者处死。对死者家属的损失进行货币赔偿的现象并没有随着历史进程消失,在今天的伊斯兰法律中仍有应用。[13]被称为 *diyya* 的"血钱"通常被当作"以眼还眼、以牙还牙"原则(*qisas*)的替代方案:与其要求凶手偿命,死者家属可以选择索取一笔赔偿,而赔偿的数额则由法官决定。

然而,在大多数社会中,对一个人生命的估值并不仅发生在杀害事件中:在婚姻习俗里,新娘的家庭付出嫁妆,或由新郎的家庭付出彩礼。长久以来,人类学家们对婚姻制度的研究关注婚姻作为一种联盟的规则,而经济学家们则将婚姻看作某种择偶市场。[14]在这两种学科视野中,以物件或是货币构成的嫁妆或彩礼可以被看作是婚姻所代表的社会交往被翻译成经济语言的结果,如嫁妆能够使得妻子更顺利地入住丈夫家中,而彩礼则代表着后者对妻子婆家的某种补偿。

然而,当夫妻双方中的一人被某种特殊情况所影响,而很难找到婚姻对象时,嫁妆和彩礼之间的差异就可以用来显示这个人"失去了多少价值"。在塞内加尔,身患残疾的个人便经常遇到这种情况,如我在达喀尔附近所收集到的一系列自述所显示的。[15]如果残疾的一方是男性,那么他的家族便须付出更多的彩礼;如果女性有残疾,那么彩礼便会减少,甚至可以完全免去,而得到一位"免费(taako)提供"的新娘,新郎无需给女方提供任何补偿。需要注意的是,这一规则也适用于因为社会原因而被认为不适合婚姻的女性,例如寡妇或离婚的妇女,她们被认为已经过了生育年龄,并且无法养活自己。虽然这样的安排通常能够让残疾人避免孤独终老的命运,但彩礼数量的差异仍显示出深重的性别不平等:虽然残疾对任何一个人在婚姻中的价值都有负面作用,但女性仍不成比例地受到更深的影响,因为在婚姻市场上被"减价"出手甚至"免费奉送",与残疾男性的家庭需要多付彩礼才能找到配偶相比,无疑更让人感到屈辱。

因此,无论是对死者的货币赔偿还是婚姻中的财产交换,对个人的经济估价都同时实现了某种社会功能:在前者是伸张正义,避免冤冤相报;在后者则是将身体上或是社会上有不利条件的个体重新纳入家庭生活中来。在这一原则中,将人的生命赋予某种物质上的对应物起到了促进社会聚合(social cohesion)的作用。然而,齐美尔通过若干历史上的事例来说明,当群体利益所决定的经济原则被对个人的价值估算所取代时,某种深刻的变化发生了:让我们仍然用杀人赔偿为例来看看这是什么意思。虽然死者家属所要求的金额数目有高有低，法律系统的演进则逐渐导致每个人所值的"血钱"稳定在某个特定的数目，这说明作为个体的人开始被给予某个固定的价值。"血钱"在法律中的固化可以被看作某种信号，它从"主观的、功利主义的价值判断转向某种客观的评估"，从而也为更多的差异性评估行为开启了大门。

然而，在基督教世界中，这种不平等的生之政治是与生之伦理相违背的，基督教的根本信仰包含两种相互关联但彼此分明的原则：生命是神圣的，人之所以为人是拥有绝对的价值的。这两种原则的结合使得对人生进行货币估价成为理论上不可能的举动，因为生命的价值是不能被测量也因此不能被估价的。民族学家肯尼斯·里德（Kenneth Read）在一篇经典文章里表达了上述观点，将基督教道德观与巴布亚新几内亚高地上生活的加呼库-伽马（Gahuku-Gama）部落所实行的道德观进行对比。[16] "在基督教的伦理中，人在道德上是平等的，"里德写道，"他们作为人的价值是恒常的……他们的价值是不可剥夺的、内在的、无论出身地位或是成就高低而拥有的。人类个体的绝对价值先于一切被创造出来的价值而存在。"相反，加呼库-伽马部落则对人赋予不同的价值，"取决于他们在人与人、群体与群体之间关系所交织而成的系统内所处的地位"。因此,当一起谋杀发生时,社会的反映是通过凶手和被害者的地位而决定的,这揭示了"人与人、群体与群体之间的社会纽带是带有道德性质的……而不是什么人生而不可被侵犯的原则"。因此,里德认为巴布亚与基督教社会中的规范和价值观存在着一道巨大的鸿沟。然而,他的阐释无疑是带有极深的方法论和意识形态偏见的,因为他通过田野观察深入地研究了加呼库-伽马人的道德体系和社会系统,却在论述基督教伦理时单一地援引教廷官方发布的教条,而不去观察社会生活中实际发生的情形。其结果便是一种只论典型、不论例外的解读,与基督教世界中的真实情况相差万里。

事实上,虽然关于人类生命神圣不可侵犯,因此一切人都应拥有平等的价值和不可剥夺的尊严的主张与基督教教旨完全相符,类似教皇约翰·保罗二世在1995年发布的《生命的福音》通谕中所写的那样,历史中的证据却并非如此。[17] 我们只需读一读德国史学家莱因哈特·科塞雷克关于"不对称的相反概念"(asymmetric counterconcepts)的论述,即西方社会在历史不同时期中用来指涉"我们"与"他者"的成对词语。[18] 特别是基督徒/异教徒(Christians/Heathens)这对概念,科塞雷克发现了古代的希腊人/野蛮人(Hellenes/Barbarians)

这对概念中不曾存在的某种极端的分别,将那些终将得到拯救的信徒与那些拒绝皈依因而将遭到神谴的异教徒相区别。从使徒保罗到圣奥古斯丁,基督教经典中反复出现一种将人类清晰地划分为两类的语义分别,这两类人之间的道德观念不能相通,末世到来后的命运也全然相反。这概念上的分别反映在教会的政策中,便导致了对异教徒的种族化、丑化甚至杀害,比如十字军东征时期的穆斯林、宗教审判下的犹太人,以及更宽泛意义上的"不忠诚者、不虔诚者、无信仰者、背信弃义者、神的敌人"。因此,基督教的生之政治长期带有排外的特质,也远远未能达到教义中所教诲的理想境界。

社会学家维维安娜·泽利泽通过对美国的研究发现,十九世纪保险业的兴起,导致基督教生命神圣与人生至上的伦理与冰冷的金钱计算和人生价值的不平等之间发生了激烈的冲突。[19]事实上,人寿保险的基本想法,亦即个人通过定期投放保费,用来在死后付给亲戚一笔赔偿的方式,本身就意味着生命的金融化,并承认了赔偿过程中存在的差异性。"生命保险被很多人认为是亵渎神明的,"泽利泽写道,"因为它最终的功能是用一张支票去赔偿失去父亲或丈夫的孤儿寡母。批评家们认为这相当于是把人的神圣生命变成'可以买卖的商品'。"门诺派教徒们甚至采取了极端措施，如果教派中有人买了人寿保险，就要被驱逐出教会。在汹涌的民意反对声中，保险公司则试图去通过宣传来改变这个行业的公众形象。为了将市场推广到教职人员和信众中，人寿保险变得越来越"仪式化"，而同时金钱也变得"神圣化"：购买保险的顾客受到恭维，这是一种多么"智慧而慷慨的给予"，为自己身后的家人生活健康富裕事先着想；保险能够让人获得"新的永生"，因为赔付金额回归家庭的同时，也可被看作是一种对死者的追思。事实上，我们可以把这些宣传看作是使得资本主义的公众形象逐渐道德化的一个环节：就保险的个案而言，它意味着让金融世界获取了某种超越尘世生活的重要性，使那些生前为家人尽责、留下财产的死者得以"善终"和安息。可以想见的是，保险公司向顾客承诺的物质永生中，也隐藏了深刻的不平等。

因此，人生可以用金钱来衡量的想法被越来越多的人所接受了。如果我们将十九世纪初围绕着人寿保险发生的争议与二十世纪末对于意外死亡进行货币赔偿所引发的讨论进行比较，其差别无疑是意味深长的：在前者，问题的核心是法律上或道德意义上，对人生给予某种经济价值是否可能；在后者，争论的焦点则是亲属所得到的金额是否足够。

因此,在种族隔离结束后的南非,当"真相与和解委员会"给出了一系列在政府迫害行为中死去的人员名单时,死者的家属被通知赔偿金即将到来;然而经过长达五年的漫长等待,最后只收到了委员会所承诺的不到四分之一的一笔微薄汇款:为亲人死亡做证词的痛苦和等待的不耐交织在一起,最终由"令人屈辱的"赔偿金引发了高涨的怒火。[20] 但是,如果我们比较这两个历史时期,需要注意到对生命进行赔偿的理由发生了变化。人寿保险中,险金的支付是前瞻性的;在南非政府赔偿的个案中,赔偿金的支付则是事后进行的。更重要的是,人寿保险是基于个人的选择,而政府赔偿则代表了某种集体的决定。

任何对个人或群体造成的伤害都应该被看作是亏欠他们的集体道德债——并应该以经济补偿的形式被追还——事实上是历史上相当晚近才出现的现象,不管今天大多数人如何认同它。我们可以将它看作是工作中意外伤害索赔的某种延续,最早的工伤保险出现在十九世纪末的普鲁士,并很快传播到欧洲其他地区和北美洲。但和它的原初模式相比,今天的赔偿体系有两个不同点,并衍生出相差甚远的众多赔偿形式。首先,被追究责任的不仅限于涉事的个人、群体或企业,而是当具体责任人无法负责或难以追查的情形下,整个社会需要负担起赔偿受害者的任务。因此,很多国家都设立了特定的机构和资金来赔付从飓风到盗窃、工业事故到恐怖主义袭击等种种风险。其次,受害者身份的定义也被极大地拓宽了,以至于一些并未直接受到攻击的个人也被包括进来,例如参与审判的证人甚至旁观目击者,以及事件发生很长时间之后受害者的后代,例如近年来对十八、十九世纪奴隶制和奴隶贸易进行赔偿的诉求。这些诉求不应被简单地看作是对过往沉痛历史的某种提醒,而更是希望人们认识到类似的不义行为仍在发生——昨日的行为在今天的生活中留下深深的印迹。这两种不断变化的趋势揭示出社会对敌对关系的理解正发生深刻的变化:那些长久被忽略和冷眼相对的受害者在过去数十年间获得了前所未有的合法地位和某种积极正面的形象。[21]因此,举国上下对某些受害者感到抱歉并作出赔偿的情形并不少见。

对受害者的承认,以及随之而来对他们所受损失进行赔偿的义务,也导致计算生命价值的体系变得前所未有地复杂,并带来种种纠纷与不公平。在美国,国会为"9·11"事件受害者所创立的赔偿基金便提供了这样一个例子。[22]虽然相关组织通过肯尼斯·费恩伯格律师与死者家属进行单独会面来慎重确定每位在这一悲剧事件中丧生的生命究竟给家庭造成了多少损失,这一漫长的过程仍然受到众多批评。如同十九世纪的人寿保险和二十世纪的工伤赔偿一样,人们反对将生命赋予某种可以用金钱衡量的价值,认为每一条生命逝去所造成的伤害都是无可估量的;而另一些人则认为赔付的金额不合理,特别是每一笔赔付的前提条件都是要求家属放弃继续通过法律手段追究赔偿的权利。然而,事实存在的赔付金额中反映的巨大不平等却没有引起多少争议:计算的过程是分别估计每位死者身故所造成的经济损失,再根据其配偶和子女的人数加上每人一笔固定的精神损失费,最后的总和从低收入家庭所分到的 788,000 美元到高收入家庭的 6,000,000 美元不等。另外,女性死者的平均赔偿金额只占男性死者的 63%。

比阶级和性别差异更加惊人但鲜少被人提及的差别则存在于不同悲剧性事件的处理方式之间。1995 年俄克拉荷马城爆炸案中的 168 名死者和 680 名受伤人员,以及 2005 年"卡特里娜"飓风中死去的 1245 人,都没有收到任何来自政府当局的赔偿。事实上,悲剧的种类或是破坏的严重性本身都不是赔付行为是否成立的关键,而毋宁说是事件所引发的公共情感以及所激发出来的某种道德共同体想象。"9·11"袭击之所以能让美国上下团结一致，是因其来自于一个具体的、极易被妖魔化的外界敌人，并针对整个国家的经济和政治中心。与此相反，俄克拉荷马城爆炸案的凶手是一个年轻的中产阶级白人，并且是曾在伊拉克服役的退伍军人，这导致建立某种共同受难的情感极为困难。在飓风肆虐的路易斯安那州，受害者多是贫穷的黑人，这一事实使得他们的死在美国很难激起某种共同的哀伤情绪。这些落差极大的反应也揭示了种族主义和种族歧视在美国历史上留下的深刻伤痕。人们对这些悲剧事件所作出的不同反应中混合了种种通常不言自明的态度，从社会、政治、情感和道德等等方面去评估哪些生命更为重要，而又有哪些生命的逝去值得被赔偿。

最终，为生命赋予价值的行为终将导致生之伦理与生之政治之间的冲突不断加深：一方坚持生命神圣，因此无可估价；而另一方则承认经济赔偿的必要性，并因此试图去寻找某种公平的价格标签。生命被赋予了某种以金钱衡量的等价物，并且导致了不平等的赔付过程。对战争中伤亡人员的赔偿也是一个惊人的例子。在伊拉克战争中，美国军队每次因为失误或故意杀害一名伊拉克平民，在美军责任得以被认定的情形下——而绝大多数个案中军方责任并没有得到承认——死者家属所得到的赔偿大约是 4000 美元。然而,一位在军事行动中或因意外死亡的美军士兵,其家属和子女所获得的赔偿则可能超过 800,000 美元。[23] 两条人命的价值如此悬殊,后者比前者高 200 倍。另外,如果将伊拉克战争前八年中所有的统计数据算在一起,美军损失的 4500 名军人家属都得到了经济补偿,而多达 500,000 万、大多为平民的伊拉克死者当中则很少有人能够有资格得到赔偿,虽然他们是因为另一个国家的入侵而死在自己的国土上。对前者数字的精确统计与后者数字的粗略估计之间也形成了鲜明对比,它粗暴地确认了人生被赋予的价值之间存在着如此悬殊的差别。

然而,经济价值仅仅是某个社会中或不同国家之间存在的生命价值不平等的一种可能的提示。经济考量至少是描述和揭示生之不平等的一个重要维度,更用数字上的差异固化了这种不平等,甚至去将它合理化。但它的确不曾从根本上创造不平等的观念。那么,不平等的观念究竟起源于何处呢?对于这个问题,一个有意思的回答出现在一百多年前。法国哲学家莫里斯·哈布瓦赫在一篇关于"道德统计"(moral statistic)的文章中,驳斥了这样一种观念，即死亡是某种命中注定的、不受人类行为左右的现象。他写道："我们通常忘记，死亡本身以及某个人死去的年龄，都是此人的生平及其际遇导致的结果，而这些决定性的条件当中既有生理性的，更有社会性的。"[24]哈布瓦赫认为，地区之间或不同国家之间存在的死亡率差异可以用"人类生命被赋予的重要性"来解释，亦即"社会对其各成员生命所做的某种判断。""我们有理由认为，一个社会有着与其自身相称的死亡率，而死亡人数的多少及其在不同年龄段的分布也准确地反映了该社会对延长寿命所赋予的重要性是高还是低。"五十年后，康吉莱姆将这一论断稍作调整，用来评论公共卫生政策所扮演的角色："一个社会是通过集体卫生措施来延长人的寿命，还是因为长期不重视卫生习惯从而缩短寿命，都取决于人们对生命本身赋予多少价值。这一价值判断也因此反映在平均寿命这个抽象的数字中。"[25]然而，康吉莱姆补充了一个重要的观点，"如果不将一个社会作为整体来考虑平均寿命，而是将其按照阶级、职业等分开计算"，以揭示"生活水平"对人寿命的影响，那么，他所谓的"社会标准寿命"才会有更清晰的呈现。因此，对哈布瓦赫与康吉莱姆而言，"社会关于生命的判断"以及"生命被赋予的价值"最终解释了国家之间与社会阶层之间的差异；这差异的本质不仅是经济意义上的，更是道德意义上的。不同的价值观因此影响到不同地域和阶层的人类生命，这些差异反映在他们受到社会对待的不同方式中，并最终影响了寿命的长短。

上述的主张固然与将死亡看作一种自然现象的常识相悖：人们通常认为，死亡的方式是由每个个体的生物特性与行为决定的，如果基因不好或是行为不检，则会导致过早的夭亡。然而，这类学说更与民主政体根基所在的原则——每个公民都拥有平等地位以及同样的生命权——相冲突。美国《独立宣言》中的名句，"人人生而平等，造物主赋予他们若干不可剥夺的权利，其中包括生命权、自由权和追求幸福的权利"就是最好的例证。然而我们也需要注意，托马斯·杰弗逊曾在《独立宣言》的一份草稿中加入了一段谴责奴隶制的文字，而这段文字在费城的各州代表激烈争辩后被从最终的版本里删去了。由此，这份美国的建国纲领事实上默认了人生而不平等以及人的生命可以被异化成为商品的主张。[26]让-雅克·卢梭也在《论人类不平等的起源和基础》*中，拒绝将不平等的道德和物理维度之

---

* 以下引文参考李常山译文，商务印书馆，1997年版。——译者注

间建立联系。在全文开头,卢梭写道,"我认为在人类中有两种不平等:一种,我把它叫作自然的或生理上的不平等,因为它是基于自然,由年龄、健康、体力以及智慧或心灵的性质的不同而产生的",而"另一种可以称为精神上的或政治上的不平等,因为它是起因于一种协议,由于人们的同意而设定的","第二种不平等包括某一些人由于损害别人而得以享受的各种特权"。然而,卢梭认为我们不必"追问这两种不平等之间,有没有实质上的联系",因为这意味着去追问"所有发号施令的人是否一定优于服从命令的人",以及"体力或智力、才能或品德是否总和人们的权势或财富相称"。[27] 卢梭之所以拒绝将两种不平等之间建立联系的假设,是因为他相信这样做无异于变相地去用天赋的差异来为道德上的等级观做辩护。然而,他也不会去将命题颠倒过来,认为所谓天赋差异正是政治上不平等的结果,因为这样做就相当于承认不存在什么"自然"决定的差异。从这些事例中,我们可以清晰地看到,人类生命中存在社会性不平等这个事实是如何挑战常识、政治修辞甚至哲学思考的。科学史学者洛琳·达斯顿(Lorraine Daston)在关于概率论历史的著作中写道,如果要将人生想象为某种概率事件和充满偶然性的过程,而非由命运或某种"幸运之轮"(wheel of fortune)决定,必须满足两个前提条件:"关于统计规律(statistical regularities)的理解;并相信存在某种足够同质的人群,使得统计规律可以在其中得到应用。"[28] 二者都是与常识相悖的。在十九世纪初,当最早的根据社会经济状况和人群特点进行的死亡率调查大规模实施之后,所谓的"道德统计"才开始推动这些前提条件成为事实。[29] 两百年后,人口学和流行病学产生了大量令人信服的证据,来描述不同人群平均寿命之间所存在的差别。

诚然,统计学成为解释这些社会不平等现象所不可缺少的工具,透过每个人不透明的躯体,揭示背后共有的真实。虽然很多死亡看似"自然现象",例如心血管疾病、癌症、糖尿病、肝硬化或细菌感染等等。而另一些死亡原因则被认为是偶发事件,例如车祸、职业事故、他杀或自杀。然而通过双变量或多变量分析,将死亡率或发病率作为因变量,而将社会经济状况、教育水平、民族或生活条件作为自变量时,我们几乎总会发现其中存在某些关联:社会地位越不利,得病或遇到灾祸的概率就越高,导致过早死亡的概率也就升高。[30] 然而,为了让这些真实存在的关联被察觉并得到恰当的解释,我们必须首先改变自身对健康和因果性的理解。在新的范式中,健康不再只是某一个人的私事,而是要上升到人群层面来理解;而因果性也不再意味着某种不容置疑的决定论,而最好通过概率论的角度来理解。[31] 因此,社会性及其中可以容纳的一切维度,也成为一种可以通过可能性、比例和其他指数来测量的风险,这些指标共同给出统计学意义上某个社会变量对某个生理变量所施加的影响。所谓的"风险因子",诸如蓝领工人职业、少数民族身份、高中辍学或是生活在某个"不好的"社区……到底在何种程度上导致得某种疾病或因为这种疾病而死亡的概率上升?人口学家和流行病学家对于这类问题的回答日益精细化,也由此而确认了哈布瓦赫与康吉莱姆直觉上的判断——任何一个社会总是有着与其成员生命价值观相称的死亡率。

美国社会中根深蒂固的不平等现象及其相对完备的数据为我们提供了一个理解社会性与身体健康之间统计关联的良好例证。这个世界上最富有和强大的国家,在健康方面的投入和医学技术的发达程度也名列前茅,其出生预期寿命却排在全世界第 34 位,五岁以下儿童的死亡率也排到第 42 位,落后于古巴等国家。美国人口中在 15—60 岁之间男性的早死率在世界上排第 44 名(和阿尔及利亚相同),女性的早死率排第 48 名(和亚美尼亚相同）。为了更好地理解这些现象，我们需要考察背后每一个因素究竟对平均结果产生了多少影响。

计算上的道理非常简单：当那些生活条件最优越的人群寿命增长的速度放慢之后，数据内部的差距拉得越大，平均值只会因生活最困苦的人口数据而越来越被拉低。因此，黑人男性的出生预期寿命比白人男性短六年；黑人女性则比白人女性短四年半。将男性和女性的数据合起来，25—64 岁之间的黑人死亡率是白人的将近两倍。但这并不仅仅是种族问题。美国最富有 1% 人口的出生预期寿命比最贫穷的 1% 人口要长十五年（男性）和十年（女性）。将种族和社会文化因素叠加起来看，受过大学教育的白人和高中辍学的黑人之间出生预期寿命相差十四年（男性）和十年（女性）。[32] 综合而言，这些差别解释了美国在各种国际死亡率和预期寿命排名中欠佳的表现，然而进一步揭示这些不平等现象的工作却是极为复杂而艰巨的。除了社会经济水平所反映出来的饮食、住房和职业等物质条件的差别，还需要考虑社会学和心理学因素的重要性，例如近期一些研究工作所揭示的，遭受歧视和唾弃等日常经历如何给人群健康带来负面影响。[33] 为了将生之不平等转化为可见的数据，并试图理解其背后的逻辑，人口学和流行病学者必须去探讨其丰富多样的表现以及复杂的机制。

有时,生之不平等甚至不需要通过统计学的放大镜便可以看得一清二楚,至少是在那些受害者眼中。这也是近年来警察对非裔美国人频频动用致死暴力的事件中所反映出来的趋势。被警察暴力所激发起来的大规模抗议和社会运动甚至在几年前还是不可想象的。当我在巴黎贫困的郊区调查警察执法的情况时,我曾与一些美国学者进行交流。每当有移民背景的年轻工人在与警察的冲突中被杀害,当地所爆发的抗议游行经常令这些美国学者惊讶不已,他们认为对警察执法暴力的负面回应在自己的国家是不可能发生的。事实上,既有的社会科学研究甚至试图寻找某种假设来解释美国与法国关于警察暴力执法态度的区别,虽然美国在类似情形下死亡的悲剧并不在少数。[34] 2014年夏天,一位名叫迈克尔·布朗的黑人青年在密苏里州弗格森小镇被一名白人警察射杀,而冲突的起因不过是一次惯行的身份证件检查。当群众起来抗议,却被荷枪实弹的警察用强力镇压时,此次事件中的口号"高举双手,请勿开枪"从此席卷全国。在对肇事警官的审判中,虽然弗格森及临近地区的居民中有三分之二的人口是黑人,决定审判结果的陪审团中却有四分之三是白人,负责起诉的检察官本人也被指责抱有偏见。当审判结果宣布将不对警官进行进一步法律追究时，当地非裔群体的激愤进一步加深了。一位年轻人无辜而死，当局对抗议者的过度反应，加上肇事者得以逃脱追责，所有这些事件叠加起来，使得美国近年来第一次出现了全国性的"黑命攸关"（Black Lives Matter）运动，它也成为后续抗争者的旗帜。与此同时，媒体的报道使得人们逐渐意识到，美国几乎每天都在发生非裔男性被警察暴力袭击身死的悲剧事件。因此，社会科学家们曾经试图解释的所谓的黑人群体为何麻木不仁，而美国社会又漠不关心等等现象，忽然在一夜之间变得毫无意义了。

事实上，美国公众对这一问题的漠视当然与对这类死亡的记录和报道不足有关。这些逝去的生命被视为无足轻重的表现之一就在于他们未曾被记录和计数。在这里，统计学再次提供了重要的证据。2015年，由英国记者进行的独立调查显示了情况有多么糟糕。[35]在12个月中，美国本土由执法人员导致的死亡人数高达1134名。在短短24天中，美国死于警察暴力的人数相当于英格兰此前24年中死于类似情形的人数总和。年轻的黑人男子因与警察冲突而死的概率比其他人群高9倍，比同样年龄组的白人男子高5倍。然而，前者在死亡时手中持有武器的比例比后者要低一半,因此很难得出他们比白人男性更危险的说辞来解释警察暴力。当然,美国宪法所保障的持枪权以及社会中普遍存在的暴力高发程度——特别是在黑人密集居住的贫穷地区,可以部分地解释这些现象。然而与英国相比,美国的死亡率数据如此之高,仍然揭示了它对生命赋予价值的方式与其他国家不同;各个社会阶层与种族群体之间存在的巨大差异,也反映出人生如何被赋予不同价值的过程中,存在着某种道德上的等级观念。

我们可以用一个具体个案来说明生命价值是如何在双重意义上被贬低的。2016 年 8 月,一位年轻的黑人男子因为贩卖毒品的嫌疑,在密尔沃基市被警察开枪打死。[36] 他看到警察从后面追来,赶快转身逃跑,并扔掉了手里的武器。警察开第一枪打中了他的手臂,他跌倒后,双手举过头顶示意投降,然而警察的第二枪从几英寸外的距离击中他的胸口致死。随之而来的大规模抗议导致威斯康辛州长宣布进入紧急状态以平息冲突。在十个月后进行的审判中,检方起诉书中写道,"近距离开枪打死一个已经倒地的人,是明目张胆地蔑视生命的行为"。而这正是"一级轻率过失杀人罪"的法律定义,应当重判监禁。然而陪审团给出了不同意见,警察无罪开释。出事当晚，这位警察甚至到酒吧取乐，当众"炫耀了自己不管做什么都无需顾忌"，并且为了证明这一点，当场殴打了另一位顾客。法律审判的结果似乎说明他是对的。这诚然显示了人们对他人生命的漠视可以达到何种程度，或至少对某些人的生命：警察可以在超出自卫范围的情况下随意杀人。在七年的时间里，41位警官因为在执法过程中发生的枪击案被以谋杀罪或是过失杀人罪起诉，而这仅仅代表了执法暴力命案中的不到1%。[37]事实上，在将近所有案件中，陪审团都认定警察无罪，而当普通公民作为被告被起诉谋杀或过失杀人时，陪审团则几乎总是自动作出有罪的认定。

但是，在非裔美国人当中，受到歧视和生命不受尊重的经历并不止于这些年轻男子死于非命的悲惨事件，尽管在这些事上显示出来的警察执法暴力之泛滥以及行凶者不能被法律制裁的事实已经足够令人心寒了。对他们来说，被执法人员在街头骚扰、司法系统不成比例的严苛、监狱系统中对犯人令人发指的虐待，以及公共场合与人际交往中普遍存在的种族歧视，都已经是家常便饭。[38]生命价值卑微如蝼蚁成了他们与权威机构及其代理人员打交道中的日常体验。在工作市场上，他们更容易失业,肤色甚至比犯罪记录要更难让一个人获得面试的机会,而那些有工作的少数族裔也通常领着比别人低的工资。在住房市场上,很多地区不欢迎他们;作为租客,他们要忍受房东的无理要求,而作为业主,又会受到行为不端的银行家欺骗,2008年次贷危机后,有成千上万的住户一夜间被迫清空住宅,流落街头。即使在公共服务领域,政府对公共服务支出的削减也是对少数族裔生活质量的影响最大,2014年发生在密歇根州弗林特的饮用水铅污染事件,正是由政府出于预算调整需要而改变给大多数为贫穷的黑人居住区供水的水源导致的。[39]对少数族裔、特别是非裔美国人而言,生命价值的贬低成为一种惯常的存在状态,其中特别突出的、导致生命受到威胁的事件可能随时发生在这里或者那里。在抗议事件中,民众所迸发出的愤怒正是多年以来积攒下来的屈辱和挫败感的集中表现。

我们或许需要将思考死亡的方式再拓宽一些:它不仅是生理上的,更可能是社会性的。"社会性死亡"(social death)的概念是与奴隶制相关而引入的,而奴隶制广泛存在于人类社会中,从古希腊到美国、再到非洲和穆斯林世界中都有历史上的记载。[40]那些被迫为奴的人们从本来归属的群体中"去社会化"(desocialized),又以一种彻底被异化的方式"再社会化"(resocialized)。他们不再被看作人,而是奴隶主可以任意对待的物件,包括转卖和杀戮在内。奴隶制在今天的世界也未曾完全消失,奴役状态仍然是一种被常态化的社会性死亡方式,特别是那些终身监禁不得保释的罪犯,有罪判定事实上剥夺了他们的身份、权利,以及社会地位。另外,正如没籍为奴是将落败的敌军全部杀死的一种替代方案一样,长期监禁通常被当作一种死刑的替代惩罚。在这两种情形中,生理性与社会性死亡之间被架起了某种等价关系。在对待囚犯的方式中,某些行为将这种等价关系的意味和体验变得更为明显,单独监禁便是一例:它通常在监狱体系中被用作一种惩罚的方式,但有时更被用来针对和防范某些被认为特别危险的个人。[41] 在美国目前的 2,100,000 名囚犯中,据推测其中 150,000 名服刑者被判处无期徒刑,其中三分之一不得保释;约有 80,000 人处于单独监禁中,其中几千人已经在被诊断为患有精神疾病的情况下被单独监禁了数年甚至数十年。不管导致这些判决的法律依据是什么,这些社会性死亡可以被看作是人类生命价值能够被贬低到何种程度的最极端的表达。然而,如果我们考虑种族以及社会经济背景,就会发现刑罚的影响并不是中立的。贫穷的黑人男性不成比例地构成了囚犯中长期服刑以及单独监禁人员中的主要部分。[42] 在美国，监狱人口在近三十多年来快速增长了7倍，然而其中黑人男性是白人男性人数的8倍。每三个从高中辍学的黑人男生中就有一个正在监狱里服刑，而美国总体人口中的男性高中辍学者当中，服刑的比例只有百分之一。因为非暴力罪行而被判终身监禁不得保释的囚犯中，有三分之二是黑人男性。至于单独监禁，虽然现有数据不足以支持将所有关押机构的情形详细分析，但各地的统计数据也显示，其中非裔美国人的数量不成比例地高。

至此，我已经讨论了生命价值的不平等如何以多种形式表现在种种差异之中。我们还需要分析特定的社会现实是如何被书写在人类生命当中的，也就是说，这些现实如何同时影响了生理意义上的"活着"以及叙述中的"生平经历"。单纯的定量分析是不够的，必须通过定性研究来赋予更丰富的层次。因此，民族志提供了宝贵的材料用来帮助我们的理解。在下文中，我将选择两段民族志研究中的素材，来源于我在法国和南非研究期间结识并多次见面访谈的两个年轻男子的经历。

第一个故事来自一位年轻的摩洛哥男子，他十二岁时来到法国。[43] 他的父亲是一名建筑工人，在自己工作稳定后,想办法让妻子和儿子也来法国团聚。当时,家属移民的过程相对容易,他和母亲的证件很快就办好了,一家人住在巴黎郊区的公屋中。正处于青春期的儿子发现适应陌生的新环境很困难,很快就从中学辍学。虽然接受了训练成为一名钳工,他却仍然无法找到稳定工作,因为当时经济状况不好,失业率激增,劳工市场上的种族歧视也很普遍。和其他处境相似的年轻人一起,他在郊区度过无所事事的游荡生活,很快开始吸毒,到处惹是生非,并因为倒卖毒品而若干次被抓入狱。每一次出狱后,他也曾找到一些工作,先是在建筑工地,然后在库房做搬运工,最后也做过送货员,但每次拿到的合同都不长久。很可能是因为通过注射使用海洛因,他发现自己患上了艾滋病,而在之前不久,他刚刚在法庭上被判处"双重惩罚",意味着在监狱服刑期满后将被遣送出境。事实上,根据当时的法律,他本可以在满十六岁时申请法国公民身份,在错过这一机会后,仍可在十八岁后获得十年的居留权,但这一切都在此次判决中被剥夺了。作为一个非法居留的移民,他却因为与一位法国女子结婚而不能被遣送出境,并且两人还需抚养四个有法国公民身份的孩子。疾病缠身、无证居留、缺少资源又害怕因为寻求医疗服务或社会帮助而被赶走,他在一处空置的公寓里找到藏身处,与妻子和孩子们一起住在里面,将百叶窗紧紧关闭。不久,他的肺结核感染症状恶化后,他不得不以兄弟的名字到医院寻求治疗,而当这冒用身份的行为被揭穿后,治疗也中止了,他只得回到家中,任病情恶化。等到他再一次不得不去找医生时,已经太晚了:几天后,他死在医院里,年仅三十六岁。

第二个故事关于一位出生在南非北部农业地区的年轻人。[44] 在他的家乡,由白人领导的政府以 1913—1936 年间有效的《土著土地法》名义,将黑人农民从自己的土地上赶走,按照民族的划分规定各部落的居住地。他的父亲无法在自己族人狭小的居住区找到工作,因此不得不在一个白人农场主手下做工,和妻子以及五个孩子住在一个泥巴筑成的小屋里,孩子们从小就要帮父母一起劳动。在同一农场居住的还有另外六个家庭,工资很低,生活条件极差。如果工人被发现犯了什么小错,例如偷偷藏起农场果园中的少量牛油果或是芒果,农场主就会当众用鞭刑惩罚偷东西的人,那粗重的皮鞭与白人警察在种族隔离期间用来驱赶抗议民众时使用的一模一样。某天,在遭受了这样屈辱的惩罚后,这位二十多岁的年轻人决定离开农场。他搬到邻近的另一个部落居住地,并找到了一个待遇稍好、体力劳动不那么繁重的园丁的工作,并很快和一位在当地给一个黑人家庭做女仆的姑娘结婚了。然而几个月后,他父母所在的农场主因为需要更多人手,强迫土著居住地当局将他遣送回原来的农场,并离开他的妻子。若干年后,随着农业经济的工业化程度加深,农场被一个国际买家收购,他也从而成为一个新公司的雇员。和另外几十位男工一起,他平时住在营房里,周末则和同事们到附近村子中和本地的女人们喝酒。每个月收到工资,他便寄钱给妻子。他们的两个孩子和祖父母一起长大,因为他们不被允许在父亲或母亲的工作地点居住。一段时间后,他和妻子最终分手了,和一位周末卖酒的妇女住在一起,但这位妇女很快被发现身患重病,并被农场主赶走了,农场主谴责她"污染"了自己手下工人的健康。果然,他不久也被查出了艾滋病,在医院接受治疗后稍有好转,但当他回到农场后,却被雇主辞退了。他试图讨回自己最后一个月工作的薪水和一笔离职费,雇主的回应是用枪威胁他走人。他日益衰弱,无法再找到新的工作也无处容身,只得去投奔住在附近的姐姐,因为疾病,没有人欢迎他,反而处处歧视他,他住在后院的泥坯房子里,靠姐姐家人吃剩的饭菜过活。这样过了两年后,他被政府运作的艾滋病人收容项目接受,得到一小笔经费来支持自己独立生活。经过公立医院的治疗,他的健康终于逐渐恢复到可以尝到生活的美好之处并重新享受它的程度。

这两段人生经历,与我在法国和南非研究期间所收集到的其他故事并没有太多不同。或许可以将这些故事看作是生之不平等的具身化(embodiment)产物——那些不平等的社会秩序是如何书写在每个人的身体上的。当然,每个人的经历都有由各自处境决定的特异之处,但它们也完全可以与其他生命经历相对比,例如人类学家乔奥·毕尤(João Biehl)所讲述的一位年轻巴西女子如何身患退行性神经疾病,并因此被家庭遗弃在一处名叫"维塔"(Vita,意即生命)的疗养院的故事。[45] 在这两位男性的人生中,我们可以追寻到不平等的具身化是如何一步一步以不同方式加深的。在第一个故事中,摩洛哥青年离开自己熟悉的童年环境,在巴黎郊区的公屋中迷失自己,辍学,就业又失业,苦闷无聊的生活,所有这些加在一起为他接触毒品进而上瘾并最终导致罹患艾滋病提供了前提条件。另外,这些背景更使他容易接触犯罪群体,而这又导致他连续被判入狱并失去了居留权。最终,病情和缺乏治疗夺取了他的生命。在第二个故事中,白人统治阶级对黑人土地的剥夺,在传统农场上近乎奴役状态的工作环境(其中农场主拥有对工人生杀予夺的权力),以及后来大型农业集团对劳工严苛的管理(造成夫妻分离、酗酒与卖淫的风行)——类似的做法在矿业中也不少见——这些因素都导致他身处的夫妻关系和亲族结构被扰乱,并增加了他罹患性传播疾病的风险。因此,罹患疾病——失去劳动价值,继而失业,并在社会中被边缘化和孤立。

当然,具身化的概念并不是简单的决定论,不是认为社会性因素总会简单地投射在生物性因素上:显然并非所有在法国的北非移民和南非的贫穷农业工人都有和他们两人同样的命运,虽然其中经历相似的人数所占的比例确实要比各自国家其他人群中高得多。总体而言,我们可以看出在两个案例中,他们所经受的对待反映了一种建立在人类存在的价值和尊严不平等基础上的生之政治,而国家在这一政治场域中扮演了至关重要的角色。在第一个故事中,因为移民法频频被更改,使得他在入狱后还面临着额外的罚款和驱逐出境的威胁,而这进一步毁掉了他的健康和家庭。在第二个故事中,政府秉持的种族隔离政策剥夺了黑人家庭拥有土地的权力,并使得他们生活的物质条件如此艰难,以至于不得不接受某种类似于奴役的工作安排,人身受制于白人农场主。

然而，我们也看到，国家还可能对业已存在的社会差别起到某种改正的作用。在那个年轻摩洛哥人病死后若干年，法国政府通过了两项法律：其一，执政的社会主义政党使得身患重病的无证移民得以寻求常规居留权；其二，持保守政见的多数派通过决议来削减双重惩罚的范围，使得很多人在服刑之后得以逃脱被遣送出境的命运。如果这个年轻人再多活几年，他很可能会受益于这两项法律，或许可以有一个不那么惨痛的结局。类似的情况也发生在南非：虽然种族隔离的结束并没有实质性地改变大多数边远地区贫苦农民的生活条件，但正如这个故事中提到的，民主政权所实施的两项措施为很多艾滋病患者带来了决定性的影响：重症病人得以接受免费治疗；其中一些病重的患者更得以申请到某些残疾补助金。这两项政策确实使得我们故事中的主人公得以在一定程度上恢复健康，并找回部分丢失的尊严。

诚然，这些法律和政策只能影响到这些真实的人生所经历的种种考验和磨难中很小的一部分。生之政治不只取决于国家政策，更是整个社会介入的结果。这两个故事向我们揭示，在每个国家具体的情形差异之外，种族歧视、空间阻隔、经济落后，以及社会的边缘化等等因素加在一起，都可能导致社会性死亡先于生物性死亡而发生。除此之外，我们还有什么办法来描述那躲藏在非法居留公寓深处、重重百叶窗之后的法国病人，还有那泥坯小屋中蜷缩着、被自己家人厌弃的南非病人？

这些个案也许因其主人公的悲惨经历而显得较为极端；社会因素与生理因素之间的因果关系也并非总是如此易于追索。但正是因为这些个案将上述因果关联放大和夸张地表现出来，它们更向我们明白揭示了两个具有普遍重要性的事实。首先，我们需要分别考虑通过排斥或是通过剥削而导致的两种类型的不平等。在通过排斥而形成的不平等关系中，当事人被认为失去了任何社会用途，甚至成为某种负累，其生命对社会而言毫无价值。而通过剥削而导致的不平等则将当事人视为劳动力，其生命仅仅在它可以对财富生产有力的情形下才被考虑。其次，制造这两种不平等的政治经济条件背后，更存在着某种道德经济学（moral economy）。为了达到排挤或剥削某些个人或群体的目的，人们需要首先合理化这些对待他人和对待自身的行为方式。对当事人及群体的人格贬低事实上为恶意对待他们提供了合理化的框架。政治经济学与道德经济学不但紧密相连，并且我们可以在这两个案例中看到，前者不仅先于后者存在，而且存在于后者之下。

归根结底，政治是一种社会对个人生命的干预行为。在福柯看来，现代性最基本的特征就在于此，他将这称作"生命政治"，虽然这个词语在他的著作中更准确的意思其实是对人群的治理。福柯对这种干预过程（即所谓治理的技术）"如何"成立要比干预了"什么"（政治活动的实质）更加感兴趣。在这里，我采用稍有不同的"生之政治"一词，来试图重新考量政治与生命之间的关系，并围绕两者分别进行严肃的探讨。政治如何干预人生，如何对待人生？这一重新阐述的目的并不仅是纯观念探讨，它更关系到政治立场。我们对这个问题的回答，揭示了生之伦理与生之政治之间存在的深刻矛盾，在确认生之价值为某种至善的同时，现实世界中存在着生之价值的深刻不平等。

理论上说，如果生命已经成为某种难以估量的善，那么对它给出某种经济上的测算是不可能实现的。然而长期以来，在不同社会中，法律上对有人被杀的赔偿、以及社会上对婚姻彩礼嫁妆的安排等等案例都反映出，作为个体的人（死去的或是将要进入婚姻关系的）是可以通过惯例或协商的过程，被赋予某种以金钱或货物来代表的价值的。虽然伦理上的主张似乎与事实中的说法和做法相去甚远，基督教仍在抵抗生命的货币化过程中扮演了重要的角色，如十九世纪人寿保险所引起的意识形态争议中所反映的。最终，生命的价值可以被量化、以及失去的生命应该获得补偿的想法在今天大行其道，成为某种国际性的准则，即便其实施方式远远说不上是一视同仁，而是因国家和因事而异。一百年前，因职业事故而造成的人身伤害应该得到赔偿的制度初步奠定下来，自此以后，这一原则逐渐延伸到各个不同的不幸事件中，不管这些不幸是人为的、自然因素造成的或是所有人都无从预测的。今天，社会担负起了某种集体的道德责任，通过特设的基金会和组织来对受害者进行赔偿。通过比较类似情形中的死者家属所获赔偿的数额，或是否被认定具有获取补偿的资格，我们可以看到其中存在着相当可观的差别。生之价值在这里表现为深刻的不平等。

　　伦理原则还告诉我们，生命不仅是不可估价的，更是不可剥夺的。然而事实再次提供了相反的证据：很多古代社会与当代相对闭塞的地区都存在奴隶制度，特别是针对战俘，以及封建制的人身奴役。近代以来的西方社会中，对生命的异化更是以各种形式存在于奴隶贸易、以奴隶劳动建立的种植园经济、殖民活动、种族隔离，以及种族灭绝等历史进程中。讽刺的是，这些令人发指的行为正是发生在宣扬普世人权的国家中,有些甚至援引神圣权威和宗教信条来捍卫人权。所有这些人压迫人的体系,包括剥削、强制隔离、大屠杀以及其他去人格化的措施,都建立在对那些受压迫甚至被消灭的群体进行贬低的基础之上。想一想美洲大陆上的印第安人和美国与南非的黑人,以及英法殖民地国家的原住民所经历的事情吧:为了让他们所受到的对待显得不那么难以接受,甚至是应得的、合理的,这些群体的价值必须被大力地贬低,甚至人格受到质疑。

虽然那些最为残酷的剥削系统似乎在当代社会中已经销声匿迹,种种迹象仍然表明它们一有机会就会在这里或那里卷土重来,并且一些不那么骇人听闻的压迫与异化的表现仍然广泛存在。它们尤其显著地显示在人死之前的种种不平等,这些隐秘的不平等存在于国与国之间以及一国之内的不同人群之间,通常只有通过统计工具才能被清晰地认识到。然而,当暴力在某些群体之间集中爆发时,尤其是暴力来自于那些本应保护他们的公共权威时,其差别便变得显而易见。死亡不再是一种难以预测的事件与命运和偶然的产物,而毋宁说是历史因素导致的社会不平等体现在人身体中的结果。我们所谓的预期寿命便是这种不平等的另一种体现结果。

预期寿命即被广泛接受的人口学意义上的平均寿命,也就是说,人们开始通过过去的数据来理解当下。但从哲学意义上说,预期寿命更显示了某种期待,也就是将未来书写在当下的生命体验当中。因此,预期寿命的不平等并不只是某种简单的量化指标(表现为个人所存在的平均时长),而更代表了人们对生命质量的某种认知(将对自身的理解置于与他人的关系当中,将个体的期望与全社会的平均值相比较)。用最为简明也最大胆的方式来说,生之政治所处理的正是上述预期寿命的双重意义。

1948年,社会学家艾弗雷特·休斯(Everett Hughes)在访问二战后的德国结束后回到美国,写下了如下反思德国人民如何在纳粹统治下对待犹太人大屠杀的文字:"这样肮脏的行为如何能发生在数百万普通的、受到良好教育的德国人民当中——甚至在某种意义上得到他们的参与?"[46]休斯给出了一个可能的答案。在法兰克福,他与一位德国建筑师进行了交谈,后者在表达了对自己国家所作所为的羞耻和悔恨后,又补充说道:"犹太人确实是个问题。他们来自东方。你应该去波兰看看,他们是最下等的阶级,长满了跳蚤,肮脏而贫穷,穿着长袍在他们自己的贫民区乱窜。在一战之后,他们来到德国,通过各种下流的手段变得富有。"这种暧昧不明、与大屠杀拉开距离但同时又暗中为其作辩护的态度，引起了休斯的注意："他将自己与犹太人划清界限，并声称他们才是问题所在，也就是默许了让其他人对他们做那些他自己不愿意做、并声称引以为耻的肮脏的事情。"这不仅仅是某种沉默的共谋，而更像是指使他人行凶的心态。

　　休斯的分析并未止步于此。作为胜利的一方，去指责德国人民在纳粹之下所作的反应违背人性并不是什么困难的事情；但问题在于，在我们更为熟悉的情形中，就没有类似的论调存在吗？我们能够愿意去承认吗？"在我们周围也存在着足够多的例子。"他写道。他特别提到美国监狱中虐待囚犯的现象，大多数公民选择对此默许，甚至会认为这是罪犯所应受的折磨。囚犯们犯过的罪——或至少是法律审判所认定的结果——贬低了他们生命的价值，并让那些进一步侮辱他们的行为显得合理。但是，我们是否可以满足于这种简单的道德论述？我们难道不应该问一问，是否所有罪犯都以同样的程度被侮辱和贬低？显然不是的。[47] 有罪的行为本身以及它所引发的谴责是不足以解释某些人所受到的侮辱和损害的，而这些罪犯本身的身份以及他们在公众面前被呈现的方式才是更具决定性的因素。德国建筑师贬低犹太人不是因为他们肮脏、衣衫褴褛却一夜暴富，而是因为他们是犹太人。那些贬低贫穷的黑人囚犯、并对他们在监狱中的命运漠视不管的美国人之所以这样做，不是因为那些导致这些人服刑的罪过本身，而更因为他们贫穷并且是黑人。"一个人与我们之间的社会距离越远，我们就越乐意赋予他人某种可以代表我们随意处置他/她的权力"，休斯写道，而这种代理关系又使得我们可以在令人发指的暴行发生后，声称自己当初"一无所知"。

若要寻找证据，我们只需看看近年来席卷欧洲的移民危机。大部分难民都未曾犯过什么罪，他们为了逃离迫害、战争和贫穷而想方设法抵达欧洲，却遭受了什么样的待遇。2000 年以来，已经有超过 30,000 人在横渡地中海的旅途中丧命，而欧盟的反应却是将此前所设想的名为"我们的海"（Mare Nostrum）的营救计划置换为名为"特里同"*（Triton）的巡逻系统，但这实际上使得难民的航行变得更加危险。有着自己的独裁政府和人权、动乱问题的土耳其和利比亚等国家被要求承担控制和镇压移民潮的任务。2011 年 3 月，一艘载有 72 名非洲人的航船因为燃料用尽，在利比亚首

---

* 希腊神话中海王儿子的名字。——译者注

都的黎波里海岸线附近漂流了 14 天,发出的求援信号没人应答。[48] 然而北约控制的雷达监测着它,周围的船只靠近它,直升机在它的头顶盘旋却不下降,这艘船最终在近海搁浅了,只有 11 人得以生还,其中两人在被救起后不久死亡。用休斯的话来说,这些人"与我们之间的社会距离"也许是太遥远了。不去对他们进行救援的决定显示了他们作为人的存在不被认为值得去挽救。这提醒我们,生之政治永远是一种关于不平等的政治。

结语：不平等的人生

所有死了的嗓音……
——它们在说什么？
——它们谈到了他们的生活。
——它们不满足于仅仅生活过。
——它们还要谈一谈它。

——萨缪尔·贝克特《等待戈多》*

在我们这段探索的结尾，还有一个问题固执地要求被解答：阿多诺在《最小限度的道德》中所提到的"真正的生活"——在现代社会中失落的、值得被哀挽的生活——究竟在何处？法国诗人兰波广为人知的名句或许可以作为一个隐秘的回答："生活在别处。"问题在于，这句在学术著作和百科全

---

* 余中先译，湖南文艺出版社，2016 年版《贝克特全集》。——译者注

书中被反复引用的诗句其出处是有争议的。事实上，兰波十九岁时在《地狱一季》(*A Season in Hell*) 中写道："真正的生活是不在场的。"[1]或许是因为兰波曾游历也门的亚丁和阿比西尼亚（今天的埃塞俄比亚），人们倾向于将他想象为一个"在别处"寻找生活的人；然而在诗中，兰波笔下"发疯的童贞女"所说的生活是"不在场的"，并补充道："我们并不存在于这世界上。"将近一百年后，哲学家伊曼纽尔·列维纳斯在《总体与无限》(*Totality and Infinity*)*的开头援引了这句话，但通过一个词的调换微妙地改变了它的涵义："'真正的生活是不在场的。'但我们却在世界之中。"[2]接着，他用类似神谕的语气写道，"形而上学即出现于这一不在场的证明之中，并于其中得以维持"。在列维纳斯看来，形而上学产生于"我们所亲熟的世界"与"一个陌异的他乡"之间的相对运动，也因此来源于对不同于自身之物的苦苦追寻："形而上学的欲望趋向完全别样的事物，趋向绝对他者。"在这里，形而上学具有了某种超越性（transcendent），总是试图连通不在场与在场之间的鸿沟，以及生命与世界之间的缝隙。阿多诺的文本中最后的一个断片也

---

* 以下引文参考朱刚译文，北京大学出版社，2016 年版。——译者注

似乎指向某种相似的超越性[3]:"必须创造这样的视角,去将世界放在不同的位置和陌生化,并揭示这带着无数裂痕和缝隙的世界,如在救世主重临的光照射之下一般贫乏和扭曲。""但这是全然不可能的",他马上补充道。因为这需要"假设这样的一种立足点能够在我们自身之外哪怕一丝距离的地方被找到"。因此,我们再一次陷入了某种困境。

和列维纳斯与阿多诺(更为悲观)的表达类似,我在本书中试图进行的反思也来自试图理解生命体所谓受到的蒙蔽与我们确实存在于这世上的证据之间产生的矛盾。然而我的方式不是通过形而上学(metaphysics),而试图坚持从生理维度的生命及其物理(physical)存在来着手。我所感兴趣的他者性(otherness)非关超越此世、到达彼岸的冥想,而是具体表现在叙利亚难民和津巴布韦寻求庇护者身上的他者性,又或是那位巴勒斯坦母亲,监狱中绝食抗议的库尔德人,在法国无证居留的阿尔及利亚病人,以及身患重病的南非农场工人。我所关注的他者性并非某种绝对化的特性,而是从日常的人际关系中显现的,例如那些处于危险境地和被歧视的生命所受到的对待。简单地说,我关心的不是如列维纳斯所说的"他者——绝对意义上的他者——得以展现出来的面孔"这样抽象却具有规范意味的表达，而是那些亟需描述的事实以及和具体情形相关联的阐释：加来的难民营，约翰内斯堡废弃的街区，关系到法国患病移民命运的行政决定，以色列医生为加沙地带儿童提供的医疗，塞内加尔残疾人之间的婚姻，美国街头被警察枪击致死的年轻黑人男子。我在这里所探讨的不是一种他者性的形而上学，而是一种不平等的物理机制。为此，我希望强调以下的事实：生物性与传记性维度在生之形式当中紧密相连，关于生之伦理的思考不可能脱离生之政治而存在。

在本书中，我采取上述视角，将不平等作为探讨的核心，但并不是为了对构成生命的所有元素给出一个完整的叙述。我没有讨论审美层面的生命，例如关于"生活的艺术"与生活方式等方面，虽然已有的文献对此已有深入的讨论。[4]我决定不去考虑文化分析，因为它已经被应用于消费社会和未来场景的研究文献中。[5]与人生故事相比，我更感兴趣生之形式；与什么是好的人生相比，我更感兴趣将生命本身视作至善的生之伦理；与治理人群的方式相比，我更感兴趣社会如何有差别地通过政治来表达对生命的不同估值。在本书中，我想要理解的是处于我们这个时代的道德和政治经济学交叉点的生命，及其在当今世界中的具体表现。用尼采的话说,"生命本身"已经"成为一个问题"。[6]如我在序言中所说的,与其面面俱到,不如注重于论述的自洽性和完整性。对我来说,无论是在理论上还是实际生活中,反思生之不平等的问题都比构筑某种不可能完成的生之人类学要更重要、更具紧迫性。必须承认,以后者为目标的一些人类学著作并没有让我感到十分信服和满意。

需要说明的是,我的个人兴趣和选择也带来两个重要的后果,并导致本书的论述似乎与不少人类学、社会学以及哲学研究背道而驰。想论述不平等现象,就意味着要把社会世界当作一个整体来分析,不仅关注其中的底层,而且试图理解各阶层之间的关系及其差别,同时避免将社会看作同质均一的体系。因此,我们首先应该避免去将那些被放逐、被压迫、被剥削、被侮辱和损害的人生与其他人分离开来,避免一种对悲惨的品味,而是要考察他们身处的社会关系,其根本上的不公正是如何通过隐含或直白的生命等级观念而产生的。正是这种等级观念才使得这些人被矮化、歧视和虐待,而同时另一些人得以享受特权。其次,我们的问题不是去反思某些当代社会中通行的特征,例如常见的研究对所谓个人主义、消费至上主义、惩罚措施或监测机构的大行其道、以及建筑在奇观之上的帝国主义倾向等等进行批判，然而同时却不去关注这些社会学倾向当中所呈现出来的差别，以及落实在个人身上的影响如何因人因地而异。通常，我们会发现，正是对后果的承担中的不平等才导致这些通行的特征得以不断被生产和复制下去。

套用布迪厄的概念，生命不仅仅是因其外界"条件"（condition）而异；更应通过其"位置"（position）来理解。[7]那些弱势群体的人生，无论是缺乏证件、稳定的住所、公民权、土地还是其他权利，必须通过他们与相对强势的、享用这些好处而不自知的人生之间的关联才能被理解。这种关联是通过一大批致力于合理化以及维护这些差异的机构作为中介而成立的。将考察局限于社会底层并不比将社会看作一个同质的整体更令人满意。而透过不平等的现象来思考人生，则能让我们重新理解社会世界，并且看到新的作出干预的契机。它能让我们不止于表达同情，而进一步地看到不公和不义的实质。

我之所以从不平等的视角来讨论人生，除了理论上和实际的考虑外，更带有某种伦理和政治的诉求。在我所研究的这些境地生活的人们不只是受害于他们生活中的种种被剥夺的方面，更因为他们生命的异化并没有人去形诸于文字。作为现实的生之不平等并非社会科学家的新发现：而是那些受害者日常知觉的一部分，虽然他人通常对这些选择忽视、遮蔽、甚至挑起争议。反映了这些知觉的各种抗议活动也极少得到承认：想想那些在法国营地中将嘴唇缝住的难民，厄瓜多尔监狱中将自己钉上十字架的囚犯，对占领军进行以卵击石的攻击的巴勒斯坦人，以及"黑命攸关"运动中抗议警察暴力的活动家们。但对不平等的认知更经常地以一种隐秘的、无形的方式被表达在与家人朋友的私人谈话中，或甚至在与记者或民族志学者的交谈当中。

通过我在撒哈拉以南非洲、拉丁美洲和法国的研究经历，我经常听到这样的声音，虽然公开的程度各异，但都一致地谴责不公正以及对不公正的否认。令我印象最为深刻的表达来自巴黎地区的工人阶层和少数族裔青年，我目睹这些人如何被执法人员在自己的街区不停地骚扰、辱骂和威胁，在法庭上被司法系统通过草率的庭审嘲弄、鄙视和粗暴地对待。有时我们的谈话会发生在庭审之后的监狱里。[8]诚然，如阿克塞尔·霍耐特的研究所揭示的，"为获承认的斗争"是无法与其背后的"经受屈辱和鄙视的经历"相分开的。[9]因此，对于那些承担了生之不平等之重负的人们来说，最为基本的认同不仅包括去认识到他们作为受害者所日常经历的现实,更需要去正视那些对不平等本身是否存在的否认声音,而这对受害者而言再熟悉不过了。这也是我采用"用户手册"作为副标题*,并且可称为具有批判性的道理所在。

在批判思想的两种不同理路之间,通常存在着相当的紧张关系。[10]前者以马克思与霍克海默的思想为例,认为我们都是某种意识形态控制下的囚犯,它妨碍我们正确地认识世界:批判的工作因此具有某种自我解放的功能,让我们看到生命的异化,也就是说那些妨碍我们去分析自身生存境遇的逻辑、利益和权力——虽然事实上那些被压迫的人民通常已经具有相当的社会心智,比这些理论家假设的要丰富得多。后者则以尼采和维特根斯坦的学说为代表,他们指出我们受到自身成见所限,通过成见所看到的事物具有某种不言自明的假象:而批判的工作能够让我们意识到自身所持的价值观、准则和表现中刻意的与偶然的因素——换句话说,去追问习惯的力量与从众的心态究竟让我们把什么东西视作理所当然。然而这里,普罗大众或许也比批评家们所认为的更加清楚自己在做什么。[11]前者的取向更具规范性,在法兰克福学派的手中发展为一

---

* 编者注:指法文版副标题。

种社会批判，其目的是去改造世界；后者的取向则是系谱学的，在福柯的手中发展为一种认知的批判，其目的是改变我们对世界的看法。

在本书中我们看到，在那些自认为民主社会的国家中，将抽象的生命视为至善的伦理并未阻止具体的生命得到不同水平的估值；保护受威胁生命的国际责任并未能阻止这些处于危险境地的人们受到无情的镇压；而救死扶伤的人道主义原则更无法根除舍生取义的牺牲行为。通过这些事例以及对生之不平等更为普遍的探讨，我希望说明上述两种批判理论并非无法沟通，因为改变我们对世界的看法正是去改造世界的前提之一。当然，去揭示生命的道德经济学中存在的深刻矛盾并不能让当今世界变得更加平等，但它至少为那些希望争取公义的人们提供了某种斗争的武器。在我们生活的这个时代，差异不断加深，排斥的话语和歧视的行为屡见不鲜，因社会背景、肤色、信仰、国际或性别而对某些个人和群体进行打压和边缘化的态度越来越明目张胆；更糟糕的是，谎言和欺骗被愈来愈多地当作权力用来征服和显示力量的工具。因此，批判理论无需在斗争性与清晰度之间以及抗议意识形态的欺骗与反思虚假的自我证明之间作出舍此取彼的选择。去揭示和阐明人类生命的不平等待遇究竟说明了什么、又预示着什么,正是思想者与政治行动者应该去做的;而这也是批判理论工作者应该怀着谦虚而坚定的态度去加入的。

注 释

前言 最小限度的理论

1. 参见 Theodor Adorno（1974［1951］: 15）。
2. 关于阿多诺对生命形式的理解的批判性意义，参见 Rahel Jaeggi（2005: 66-8）。
3. 参见 W. H. Auden（2011［1947］），奥登的诗歌探讨那个时代的阵痛。
4. 参见 Miguel Abensour（1982），他的文章在《最小限度的道德》法文版中重刊作为跋语。
5. 参见 Edward Palmer Thompson（1971）两篇影响深远的文章，以及 Lorraine Daston（1995），以及我的一篇随笔（Fassin 2009c）和一部合作编辑的论文集（Fassin and Jean-Sébastien Eideliman 2012）。这部文集提供了对道德经济学概念的重新梳理，以及一系列在各大洲开展的个案研究。
6. 参见 John Locke（1836［1689］: 369）。洛克认为"生

命"这个词正是宽泛意义上"词语误用"(misuse of words)现象的一例,造成误用的根源在于人们经常错以为所有人对词语的理解都是一样的。

7. 参见《环球百科全书》(*Encyclopaedia Universalis*)中"生命"词条(Canguilhem 1990)。

8. 参见书中关于劳动的章节,也是与工作和行动一起构成阿伦特所谓 *vita activa* 的论述(Arendt 1998 [1958]):97。

9. 参见 Thomas Khurana(2013:11)关于黑格尔理论思想中"生命自由"的论述。

10. 埃尔温·薛定谔在都柏林的演讲(Schrödinger 1944)早于沃森和克里克发现双螺旋若干年。

11. 这是 Paul Rabinow 与 Carlo Caduff(2006)所提出的观点,以修正通行的关于生物学彻底分子化的论述。

12. 可参见 Madeline Weiss et al.(2016),"The Physiology and Habitat of the Last Universal Common Ancestor," *Nature Microbiology* 1(July 25),可于此看到:doi:10.1038/nmicrobiol.2016.116,以及 Sara Seager et al.(2016),"Toward a List of Molecules as Potential Biosignature Gases for the Search of Life on Exoplanets and Applications to Terrestrial Biochemistry," *Astrobiology* 16/6:465 - 85。

13. 参见 Heather Keenleyside(2012)关于洛克的哲学思想和劳伦斯·斯特恩的小说之间共通之处的论述。

14. 参见 Marcel Proust（1996［1927］：254）《追忆似水年华》最后一部《重现的时光》。
15. 参见这两部经典著作：Thomas 和 Znaniecki（1996［1920］）所著社会学著作，以及 Oscar Lewis（1961）所著人类学著作。
16. 关于生活叙述开始充斥人类学研究的这段时期，参见 Gelya Frank（1995）。
17. 类似困境的一个例子是美国史研究中如何处理奴隶的生平和传记叙述的问题，参见 Saidiya Hartman（2008）和 David Kazanjian（2016）。
18. 参见贝克特的小说《莫洛伊》（Samuel Beckett 1955［1951］）和布迪厄的文章《传记幻象》（Bourdieu 1987［1986］）。
19. 参见 Hannah Arendt（1998［1958］）和 Giorgio Agamben（1998［1995］）。
20. 关于这套理论及其在政治上的发展，参见 Nitzan Lebovic（2006）的批评性综述。
21. 关于这一系列丰富的文献，参见 Sarah Franklin 和 Margaret Lock（2003）共同编撰的文集，Paul Rabinow（1999）关于法国基因组破译工作的一系列专著，Duana Fullwiley（2011）关于塞内加尔生物学中镰状细胞性贫血研究的专著，Stefan Helmreigh（1998）对硅谷数字世界的研究，以及 Nikolas Rose（2007）关于生物医学进展带来主体性转变的论述。

22. 为了简明起见，仅介绍文中提到的几项研究：参见 Nancy Scheper-Hughes（1992），Bhrigupati Singh（2015），Lucas Bessire（2014），Lisa Stevenson（2014），Michael Jackson（2011），以及 Zoë Wool（2015）。

23. 例如 Joëlle Vailly, Janina KehrJörg and Niewöhner（2011），Marcia Inhorn and Emily Wentzell（2012），João Biehl and Adriana Petryna（2013）中收录的研究。

24. 参见 Tim Ingold（2010）关于"行走、呼吸、认知"的文章，以及他 2011 年出版的题为《活着》（*Being alive*）的文集（Ingold 2011）。

25. 参见 Eduardo Kohn（2007）关于"狗如何做梦"的文章，以及后续著作（Kohn 2013）《森林如何思考》（*How Forests Think*）。

26. 参见 Perig Pitrou（2014）的纲领性文章。

27. 参见 Veena Das and Clara Han（2016）《当今世界中的生与死》。

28. 参见 Georges Perec（1987 [1978]：xv）。

29. 我在《哲学与人类学的平行生命》中探讨了这个问题，参见 Fassin（2014）。

30. 参见 Philip Lewis（1985）关于翻译悖论的讨论。

31. 参见 George Steiner（1975）关于翻译过程四个环节的讨论。

第一章 生之形式

1. 原文发表于 *Revue de métaphysique et de morale*，此后收录在 *The Essential Foucault*（Foucault 2003a [1985]: 6-17）。这里的引文来源于后一版本。

2. 参见他的《生命知识》一书（Canguilhem 2008 [1962]: xvii-xviii），以及十六年后关于"生命新知"的文章（Canguilhem 1994 [1968]: 335-7）。

3. 这五次出现的段落分别见 Wittgenstein（2009 [1953]）第 19，23，241，PPF1，345 页。

4. 参见 Lynne Rudder Baker 的文章（2008: 278）。

5. 参见 Kathleen Emmett 的文章（1990: 213）。

6. 参见 Jonathan Lear（1986: 272）关于超越性人类学（transcendental anthropology）的文字。

7. 参见 Bernard Williams 关于唯我论（solipsism）和唯心论的会议（Williams 1974: 84）。

8. 这篇论文起初发表在 *The Philosophical Review*，后来收录于文集中（Cavell 1962: 74）。

9. 参见维特根斯坦的一部遗著（Wittgenstein 1998 [1977]）。

10. 参见 Canguilhem（1994 [1968]: 335）以及 Wittgenstein（2009 [1953]: 19）。

11. 例如 John Hartigan（2014）关于多物种方法学的讨论，以及 Veena Das（2006）关于暴力的论述。

12. 参见卡维尔就维特根斯坦研究的会议，包括他以爱默生和梭罗为视角对维特根斯坦进行的阐释（Cavell 1989：40-4）。

13. 这段研究出现在 *Homo Sacer* 第四卷第一部分（Agamben 2013 [2011]：xi，96，and 110）。后面的引文出自《没有目的的手段》（*Means without End*）（Agamben 2000 [1996]：3-4）。

14. 参见 James Laidlaw（1995）和 Saba Mahmood（2005）的重要专著。

15. Patricia Ewick 和 Susan Silbey（1998）对法律在人生中无处不在的影响进行了富有影响力的研究，他们指出，法律并不对所有人产生同样的影响。

16. 参见 Giorgio Agamben《身体的用处》（*The Use of Bodies*）（2016 [2014]：207-8）。

17. 参见期刊 *Raisons politiques* 关于"生之形式"的专题系列文章，特别是 Albert Ogien（2015）以及 Anne Lovell，Stefania Pandolfo，Veena Das 和 Sandra Laugier（2013）关于"群体苦难"的专书，可谓是典型的优秀之作。

18. 参见 Calais Migrant Solidarity 的调查，*Death at the Calais Border*，可在以下网址看到：https://calaismigrantsolidarity.wordpress.com/deaths-at-the-calais-border/。

19. 参见 Refugee Rights Data Project 的研究，*The Long Wait*，可在以下网址看到：http://refugeerights.

org. uk/wp-content/uploads/2016/06/RRDP_TheLongWait. pdf>。

20. 参见我此前的研究（Fassin 2005）中对难民问题当中奇特的同情与压迫并存现象的讨论。

21. 参见联合国难民署的报告，*Mid-Year Trends 2015*[*]（Geneva，2016）。

22. 参见法学家 Roni Amit 建立的非洲移民与社会中心的报告，*All Roads Lead to Rejection: Persistent Bias and Incapacity in South African Refugee Status Determination*（Johannesburg，2012），可在以下网址看到：http://www. migration. org. za/newcms/uploads/docs/report-35. pdf。

23. 这项研究是在约翰内斯堡中心商业区的废弃建筑物以及城郊的难民营中开展的，并结合对南非内政部公务员的访谈（Fassin，Wilhelm-Solomon，and Segatti 2017）。

24. 参见她关于日常脆弱性的研究（Laugier 2015）。

25. 参见她对不安定人生的分析（Butler 2004）。

26. 几个突出的例子诸如以下学者的工作：Rhacel Parrenas（2001），Seth Holmes（2013），以及 Kristin Surak（2013）。

---

[*] 由于网址迁移等原因，原链接已失效，为方便读者查找相关信息，此处保留原文。后面相同情形，皆如此处理，不再赘述。——译者注

27. 参见联合国难民署的报告，*Mid-Year Trends 2016*（Geneva，2017）。

28. Michael Marrus（2002）著有一部关于二十世纪上半叶欧洲难民的历史。

29. 参见 Hannah Arendt（1996 [1943]：115 and 119），"从一国辗转另一国的难民站在本族群的最前沿——如果他们能够保留自己的认同"。

30. 参见 Walter Benjamin（1968 [1942]：257‑8）。

第二章　生之伦理

1. 这也是 John Torpey（1986）提到过的一种解释。参见 Max Horkheimer（1972）。

2. 见 Matthew King（2009）的提醒。参见 Habermas（1990 [1985]）。

3. 这篇十页长的文章构成了《快感的运用》（*The Use of Pleasure*）的第三部分。参见 Foucault（1985 [1984]）。

4. 关于道德人类学，参见我编辑的一部文集（Fassin 2012），特别是题为《朝着一种批判道德人类学的尝试》（Toward a Critical Moral Anthropology）的引言，以及我们所编纂的研究选集（Fassin and Lézé 2014），特别是题为《人类学之道德问题》的引言。

5. 最具实质性的讨论参见关于涂尔干作品（Durkheim 1974 [1906]）的会议论文集，以《道德事实之决定过程》为题发表在 *Sociology and Philosophy*，trans.

D. F. Pocock (Abingdon: Routledge), esp. pp. 16 - 26。

6. 参见 Westermarck (1906) 专注于探讨道德思想的两部著作，以及 Signe Howell (1997) 关于地方性道德观的研究文集。

7. 参见 Lila Abu-Lughod (1986) 和 Joel Robbins (2004) 的专著。

8. 这些概念也被称为"快感的道德问题化"。参见 Foucault 1985 [1984]: 26 - 31 and 63 - 5。

9. 参见 Talal Asad (1993)，James Faubion (2001)，Jarrett Zigon (2011) 以及 James Laidlaw (2014) 等研究著作。

10. 参见关于日常伦理的论述文本 Veena Das (2006) 以及 Michael Lambek (2015)。

11. 参见笔者在与 Michael Lambek，Veena Das 以及 Webb Kean 合作的书中所贡献的章节 (Fassin 2015b)，以及我们合著的引言。

12. 参见 Max Weber (1994 [1919])，"信念伦理"关注于原则，而"责任伦理"则首先考虑能够预测的后果。

13. 参见黑格尔 (Hegel 1991 [1820]) 在《法哲学原理》中的论述。

14. 参见他专门用来讨论"伦理生活的一种形式概念"的章节 (Honneth 1995 [1992]: 172 - 3)。

15. 参见弗雷泽和霍耐特的讨论 (Fraser and Honneth

2003)。

16. 这也是尼采在《道德的谱系》中采取的激进立场的开端（Nietzsche 1989 [1887]：19）。

17. 关于这段时期法国移民的历史，参见 Ralph Schor 的著作（1996：248-84）。

18. 在我此前关于这一主题发表的书中，有题为"同情的协议"的一个章节专门讨论这一政策（Fassin 2011：83-108）。

19. 这些统计数据来源于 Comité medical pour les exilés,《2006 年的观察与行动报告》（Kremlin-Bicêtre：Comede, 2007）；以及法国保护难民及无国籍者办公室《2005 年行动报告》（Fontenay-sous Bois：Ofpra, 2006），可在以下网址下载：https：//ofpra. gouv. fr/sites/default/files/atoms/files/rapport _ dactivite _ 2005. pdf。

20. 参见法国保护难民及无国籍者办公室公布的数据，《2001 年行动报告》（Fontenay-sous Bois：Ofpra, 2002），可在以下网址下载：https：//ofpra. gouv. fr/sites/default/files/atoms/files/rapport _ dactivite _ 2001. pdf。

21. 参见 Dominique Delettre 的研究，《外国人在法国出于医学原因的停留》（写给公共卫生医学检察官的备忘录，Promotion 1998/2000, Rennes, 1999），可在以下网址下载：http：//documentation. ehesp. fr/

memoires/1999/misp/delettre.pdf。

22. 关于南非艾滋病防治中流行病学与认知层面上的两重危机，参见我此前的专著《当身体有记忆：南非艾滋病的体验与政治》（Fassin 2007b［2006］）。

23. 这些数据来自一系列官方文件：HIV/AIDS 联合项目《艾滋病流行情况更新：2000 年 12 月》（Geneva：UNAIDS/WHO，2000），可在以下网址下载：http：//data. unaids. org/publications/irc-pub05/aidsepidemicreport 2000 en. pdf；南非卫生部，《2002 年全国艾滋病与梅毒胎儿血清流行度调查》（*National HIV and Syphilis Antenatal Sero-Prevalence Survey in South Africa 2002*）（Pretoria：RSA，2002）；Rob Dorrington et al.，《HIV/AIDS 对南非成年人死亡率的影响》（*The Impact of HIV/AIDS on Adult Mortality in South Africa*）（Cape Town：Medical Research Council，2001）。

24. 参见 Murray Leibbrandt，Laura Poswell，Pranushka Naidoo，以及 Matthew Welch（2006）中展示的数据。

25. 参见 Girogio Agamben（1998［1995］）：1；2009［2008］）。

26. 我对"生命合法性"概念的论述是基于生命权力（biopower），亦即施加于生命之上的权力（Foucault 1978［1976］），试图用来解释关于生命作为至高之善而获得的合法性（Fassin 2009a）。

27. 为了解释这一现象，Adriana Petryna（2002：5-7）谈到了生物性公民权的问题。

28. 参见 Walter Benjamin（1986［1920］：299），以及 Hannah Arendt（1990［1963］：54）。

29. 参见 Walter Benjamin（1986［1920］：298-9），以及 Hannah Arendt（1998［1958］：313-14）。

30. 参见 Claude Lefort（1991［1981］）题为《神学-政治的永久性？》的文章。

31. 这一蔚为奇观的抗议行动，包括对苦难的表达和对救赎的搬演，是 Chris Garces（2012）所研究的主题。

32. 关于人道主义援助的困境和内在矛盾的分析，参见我早年的一篇文章（Fassin 2007a）。

33. 参见 Jean-Hervé Bradol（2004［2003］：22）发表的宣言，发表在一部关于战争状况的论述选集中。

34. 参见 Peter Singer（2009：15-16）同时以英语和法语发表的著作，题为《你能拯救的生命：为了终结世界贫困，现在就采取行动》。

35. 参见 Mark Duffield（2001）关于战争状态下全球治理问题的研究。

36. 这些关于巴勒斯坦地区非政府组织的研究发表在我此前的一篇文章中（Fassin 2008）。

37. 参见无国界医生组织起草的报告，《巴勒斯坦编年史：困于战争》（*Trapped by War: The Palestinian Chronicles*）

（Paris：MSF，2002）；以及世界医疗团《无尽冲突中以色列和巴勒斯坦平民伤亡》（*Les Civils israéliens et palestiniens victimes d'un conflit sans fin*）（Paris：MdM，2003）。

38. Lori Allen（2013）的研究在这方面颇具洞见。
39. 这部纪录片由 Shlomi Eldar 执导，制作人为 Ehud Bleiberg 和 Yoav Ze'evi（2010），并成为我此前一部研究著作探讨的主要对象（Fassin 2014）。
40. 在引言中，他这样解释自己的动机："我的总体想法是，无论我们多么努力地试图去区分道德上好的屠杀和坏的屠杀，总是会碰到无法逾越的矛盾。这些矛盾构成了我们当代主体性当中至关薄弱的一个环节。"（Asad 2007：2 and 67）
41. 作为对"生命主权"的回应，Banu Bargu（2014：328）建议我们采用"死之抵抗"（necroresistance）这一概念，即对权力抗争至死的形式。
42. 关于道德的边界，参见我们提出"对不可承受事物之建构"的一系列研究（Fassin and Bourdelais 2005）。
43. 德里达去世几周后，我于 2004 年 12 月 11 日参加了法国高等社会科学院向德里达致敬的会议并发表了一篇演讲。我在此后的一篇文章中更加深入地探讨了这种生存的伦理（Fassin 2010）。
44. 这次采访首次发布于 2004 年 8 月 19 日的《世界报》，后来被翻译成英文，题为《最终学会生活》（Learning

to Live Finally)(Derrida 2007 [2004]: 26)。

45. 关于他在集中营里的体验，Robert Antelme（1957 [1947]: 10 - 11 及 101 - 2）写道："我们的目标至为谦卑，只是为了活下来……对自己作为人这一事实的质疑导致了一种几近生物本能的反应——要归属于人。"

第三章　生之政治

1. 参见 Foucault（1985 [1984]: 139）。
2. 关于这方面的论述可参见《卫生的政治空间》一书中题为"生命的治理"的一章（Fassin 1996）。
3. 参见 Foucault（2003b [1997]: 245；2007 [2004]: 1；2008 [2004]: 22 及 317）。
4. Thomas Lemke（2011）对这个福柯式概念的"介绍"不仅包括了文献综述，并以他自己的分析对生命政治的论述作出了贡献。
5. Roberto Esposito（2008 [2004]: 44 - 6）提出在福柯生命政治理论中的"语义学空白"（semantic void）中"注入"关于免疫/豁免（immunity）的概念，它在医学和法学中均有应用，并都指涉某种"保全生命的力量"。
6. 这段引文因为福柯与马克思主义思想之间存在的众所周知的紧张关系而更加重要。参见 Foucault（1978 [1976]: 140 - 1）。

7. 参见 Ferenc Fehér 和 Agnes Heller（1994），以及 Giorgio Agamben（1998［1995］）。

8. 参见关于"劳动动物（*animal laborans*）的胜利"的论述（Arendt 1998［1958］：320-5）。

9. 参见 Paul Rabinow 和 Nikolas Rose（2006）关于这一主题的讨论。

10. 英文词汇中，作为某人或某物的使人喜爱特质意义上的"价值"（value）是可以与将这一特质定量化的"价值"（worth）相区别的。因此，我们可以区别定性的"生之价值"（the value of life）与定量的"生之价值"（the worth of lives），参见 Fassin（2016）。

11. 参见 Thomas Schelling（1984）。

12. 参见 Georg Simmel（1978［1907］：355-6 和 358）。

13. 例如 Rudolph Peters（2006）。

14. 仅仅考虑经典著作的话，我们可以举出人类学领域的 Claude Lévi-Strauss（1969［1949］），和经济学领域的 Theodore Schultz（1974）等等。

15. 这项研究关注聋哑人、盲人、半身不遂者、截肢者以及先天畸形者的经济生活和婚姻策略。这些残疾使得他们的价值被"降低"，在塞内加尔当地的多种语言中均有类似的表述（Fassin 1991）。

16. 这篇在比较伦理学领域中富有开创性的文章参见 Read（1955）。

17. 参见《致主教、牧师及执事们，以及虔诚的男人和女人们、一切怀有美好愿望的人们的生命福音,关乎人生之价值与不可侵犯性》(1995),可在以下网址获取:http://w2.vatican.va/content/john-paul-ii/en/encyclicals/documents/hf_jp-ii_enc_25031995_evangelium-vitae.html。

18. 参见 Reinhart Koselleck (2004 [1979]: 169-80)。

19. 参见 Viviana Zelizer (2011: 19-39)。

20. 参见 Ginger Thompson,"南非向种族歧视受害者家属各发放 3900 美元",《纽约时报》2003 年 4 月 16 日报道。

21. 精神创伤的道德地位如何在二十世纪末从受嫌疑的对象转变为受到同情的对象,是受害者受到承认的一种重要表现。参见 Fassin and Rechtman (2009 [2007])。

22. 在他的回忆录中,费恩伯格律师(Feinberg 2005)有时略带自满地谈到他如何受理这一基金的赔付过程。另参见 Bill Marsh,《如何给无价之物估价:一个人生的速写》,《纽约时报》2007 年 9 月 9 日报道。

23. 参见美国公民自由联盟(American Civil Liberties Union),《ACLU 发布关于阿富汗与伊拉克平民伤亡的文件》(2007 年 4 月 12 日),可在以下网址获取:https://www.aclu.org/news/aclu-releases-files-civilian-casualties-afgha nistan-and-iraq?redirect=cpredirect/29316;Kenneth Reich,《战亡士兵赔偿可超过八十万美元》,《洛杉矶时报》2003 年 4 月 5

日报道；iCasualties，《伊拉克联盟伤亡者：历年死者统计》(*Iraq Coalition Casuaties: Fatalities By Year*)；Amy Hagopian, Abraham Flaxman, Tim Takaro 等人，《2003—2011 年战争与占领期间伊拉克死亡率》，*PLOS Medicine*，可在以下网址获取：http://journals.plos.org/plosmedicine/article? id = 10.1371/journal.pmed.1001533。

24. 参见 Maurice Halbwachs (1913：94 - 7)。

25. 参见 Georges Canguilhem (1991 [1966]：161)。

26. 参见《美利坚合众国十三个州一致宣言》(1776)，可在以下网址获取：https://www.archives.gov/founding-docs/declaration-transcript；Thomas Jefferson，《独立宣言的最初草稿》(Washington, DC, Library of Congress, 1776)，可在以下网址获取：https://www.loc.gov/exhibits/declara/ruffdrft.html。虽然他用文字谴责奴隶制，但杰弗逊这位美国第三任总统自己也拥有 175 名奴隶。和华盛顿不同，杰弗逊一生从未让任何奴隶重获自由。参见 Paul Finkelman 富有讽刺意味的文章，《蒙蒂塞洛庄园的怪物》(*The Monster of Monticello*)。

27. 参见卢梭对第戎学院向他提出的问题"不平等由何而来"所作出的回复：Jean-Jacques Rousseau (1985 [1754]：77)。

28. 在这篇文章中，Lorraine Daston (2008) 将博尔赫斯

短篇小说中提到的"巴比伦彩票"与罗尔斯（John Rawls）的正义论中"无知之幕"作对比，前者将偶然性的作用放至最大，而后者则试图将其弱化。

29. 参见 William Coleman（1982）富有先锋意义的著作，《死亡是一种社会疾病》，其中也强调了十九世纪上半叶浮现的这样一种反直觉的发现。

30. 关于健康状况的社会不平等，参见诸多著作（Leclerc et al. 2000；Fassin 2009d）。

31. 关于统计与概率论思想自十九世纪初以来的历史，参见 Theodore Potter（1988）和 Ian Hacking（1990）等著作。

32. 这些数据来自若干流行病学研究（David Williams et al. 2010；Raj Chetty et al. 2016；Jay Olshansky et al. 2012）。

33. Nancy Krieger（2000）首次给出了种族歧视与健康相关性的研究综述。

34. 关于法国与美国暴乱的比较研究，参见专著 Cathy Lisa Schneider（2014），以及我的文章（Fassin 2015a）。

35. 参见 John Swaine, Oliver Laughland, Jamiles Lartey, 以及 Ciara McCarthy，《黑人年轻男子被美国警察枪杀案本年累计 1134 起》，《卫报》2015 年 12 月 31 日报道；Jamiles Lartey，《用数字说话：美国警察几天中杀的人相当于别国几年》，《卫报》2015 年 6

月 9 日报道。

36. 参见 Kay Nolan and Julie Bosman，《杀死 Sylville Smith 的密尔沃基警官无罪开释》，《纽约时报》2017 年 6 月 22 日报道。

37. 参见 Zusha Elinson and Joe Palazzolo，《因执法杀人被刑事起诉的警察极少被定罪》，《华尔街日报》2014 年 11 月 24 日报道。

38. 相关的研究近年来日益丰富，可以参考以下著作：Victor Rios（2011），Alice Goffman（2014），Laurence Ralph（2014），以及 Ta-Nehisi Coates（2015）以见证形式写下的自传。

39. 这些主题相关的研究多种多样，例如 Douglas Massey（2007），Matthew Desmond（2016），关于弗林特水污染事件，可参考 Mona Hanna-Attisha et al.（2016）的文章。

40. 社会性死亡的概念来源于 Orlando Patterson（1982）对美国奴隶制和 Claude Meillassoux（1986）对非洲奴隶制度的研究。

41. 对单独监禁最为系统性的研究来自一位哲学家，Lisa Guenther（2013）。

42. 关于所谓大规模囚禁的研究，参见 Bruce Western（2006），Michelle Alexander（2010），以及 Marie Gottschalk（2015）。另见 Margo Schlanger（2013）的文章以及 Jennifer Turner and Jamil Dakwar（2014）

的报告,《判决中的种族差异》,发表于美洲人权委员会(Inter-American Commission on Human Rights)关于美国司法系统中种族主义的报告听证会。

43. 他的故事可参见题为《一种双重疼痛》的文章(Fassin 2001)。

44. 这个故事在《历史的一种暴力》中出现(Fassin 2009b)。

45. João Biehl(2005)将这位年轻女子卡塔里娜居住的收容所描述为"社会遗弃的地带"。

46. 这篇文章(Hughes 1962:4-8)最终为"肮脏的工作"(dirty job)这一社会学概念打下了基础。

47. 参见我关于惩罚的专著中更多的讨论(Fassin 2018 [2017c])。

48. 参见 Forensic Architecture,《被放任自流而死的船》,可在以下网址获取:http://www.forensic-architecture.org/case/left-die-boat/。

结语:不平等的人生

1. 参见 Arthur Rimbaud(2004 [1873])。法文原文为"La vraie vie est absente"。对这句诗来源不明的引用包括 Gil Anidjar(2011)关于"生命的意义"的文章,还有线上版《拉鲁斯百科全书》关于兰波的词条的作者,见以下网址:http://www.larousse.fr/encyclopedie/personnage/Arthur_Rimbaud/14103。

2. 参见 Emmanuel Lévinas（1979 [1961]: 33 and 203）。

3. 参见 Theodor Adorno（1974 [1951]: 247）。

4. 参见 Alexander Nehamas（1998）的文集以及 Marielle Macé（2016）。

5. 参见 Zygmunt Bauman（2007）和 Marc Abélès（2010 [2006]）的工作。

6. 参见 *The Gay Science*（Nietzsche 2001 [1882]: 7）。

7. 参见 Pierre Bourdieu（1999 [1993]）为《世界的重量》（*The Weight of the World*）所写的序言。

8. 参见我关于城市警察执法的专著（Fassin 2013 [2011]）以及当代法国监狱情况的研究（Fassin 2017a [2015]）。

9. 参见 Axel Honneth（1995 [1992] and 2007 [2000]）。

10. 参见 David Owen（2002）颇具启发性的讨论。

11. 参见我对批评理论尝试进行的辩护和举例说明（Fassin 2017b）。

参考文献

Abélès, Marc (2010 [2006]), *The Politics of Survival*, trans. Julie Kleinman, Durham, NC: Duke University Press.

Abensour, Miguel (1982), "Le choix du petit," *Passé présent* 1: 59–72.

Abu-Lughod, Lila (1986), *Veiled Sentiments: Honor and Poetry in a Bedouin Society*, Berkeley, CA: University of California Press.

Adorno, Theodor (1974 [1951]), *Minima Moralia: Reflections on a Damaged Life*, trans. E. F. N. Jephcott, London: Verso.

Agamben, Giorgio (1998 [1995]), *Homo Sacer: Sovereign Power and Bare Life*, trans. Daniel Heller-Roazen, Stanford, CA: Stanford University Press.

Agamben, Giorgio (2000 [1996]), *Means Without End*, trans. Vincenzo Binetti and Cesare Casarino, Minneapolis, MN: University of Minnesota Press.

Agamben, Giorgio (2009 [2008]), *The Signature of All Things: On Method*, trans. Luca D'Isanto and Kevin Attell, New York: Zone Books.

Agamben, Giorgio (2013 [2011]), *The Highest Poverty: Monastic Rules and Form-of-Life*, trans. Adam Kotsko, Stanford, CA: Stanford University Press, pp. 3–4.

Agamben, Giorgio (2016 [2014]), *The Use of Bodies*, trans. Adam Kotsko, Stanford, CA: Stanford University Press, pp. 207–8.

Alexander, Michelle (2010), *The New Jim Crow: Mass Incarceration in the Age of Colorblindness*, New York: The New Press.

Allen, Lori (2013), *The Rise and Fall of Human Rights: Cynicism and Politics in Occupied Palestine*, Stanford, CA: Stan-

ford University Press.
Anidjar, Gil (2011), "The Meaning of Life," *Critical Inquiry* 37/4: 697–723.
Antelme, Robert (1957 [1947]), *L'Espèce humaine*, Paris: Gallimard.
Arendt, Hannah (1990 [1963]), *On Revolution*, London: Penguin Books.
Arendt, Hannah (1996 [1943]), "We Refugees," in *Altogether Elsewhere: Writers in Exile*, Marc Robinson (eds.), Boston, MA: Faber and Faber, pp. 110–19.
Arendt, Hannah (1998 [1958]), *The Human Condition*, Chicago, IL: The University of Chicago Press.
Asad, Talal (1993), *Genealogies of Religion: Discipline and Reasons of Power in Christianity and Islam*, Baltimore, MD: Johns Hopkins University Press.
Asad, Talal (2007), *On Suicide Bombing*, New York: Columbia University Press.
Auden, W. H. (2011 [1947]), *The Age of Anxiety: A Baroque Eclogue*, Princeton, NJ: Princeton University Press.
Bargu, Banu (2014), *Starve and Immolate: The Politics of Human Weapons*, New York: Columbia University Press.
Bauman, Zygmunt (2007), *Consuming Life*, Cambridge: Polity.
Beckett, Samuel (1954 [1952]), *Waiting for Godot*, New York: Grove Press.
Beckett, Samuel (1955), *Molloy*, Paris: Olympia Press.
Benjamin, Walter (1968 [1942]), "Theses on the Philosophy of History," in *Illuminations: Essays and Reflections*, Hannah Arendt (ed.), New York: Schocken Books, pp. 253–64.
Benjamin, Walter (1986 [1920]), "Critique of Violence," trans. Edmund Jephcott, in *Reflections: Essays, Aphorisms, Autobiographical Writings*, Peter Demetz (ed.), New York: Schocken Books, pp. 277–300.
Bessire, Lucas (2014), *Behold the Black Caiman: A Chronicle of Ayoreo Life*, Chicago, IL: University of Chicago Press.
Biehl, João (2005), *Vita: Life in a Zone of Social Abandonment*, Berkeley, CA: University of California Press.
Biehl, João and Petryna, Adriana (eds.) (2013), *When People Come First, Critical Studies in Global Health*, Princeton, NJ: Princeton University Press.
Bourdieu, Pierre (1987 [1986]), "The Biographical Illusion," trans. Yves Winkin and Wendy Leeds-Hurwitz, *Working Papers of the Center for Psychosocial Studies* 14.
Bourdieu, Pierre (1999 [1993]), "The Space of Points of View," in *The Weight of the World: Social Suffering in Contemporary Society*, trans. Priscilla Parkhurst Ferguson, Cambridge: Polity, pp. 3–5.

Bradol, Jean-Hervé (2004 [2003]), "The Sacrificial International Order and Humanitarian Action," in Fabrice Weissman (ed.), *In the Shadow of 'Just Wars': Violence, Politics and Humanitarian Action*, Ithaca, NY: Cornell University Press, pp. 1–22.

Butler, Judith (2004), *Precarious Life: The Powers of Mourning and Violence*, London: Verso.

Canguilhem, Georges (1990), "Vie," *Encyclopædia Universalis*, corpus 23, Paris: Encyclopædia Universalis.

Canguilhem, Georges (1991 [1966]), *On The Normal and the Pathological*, trans. Carolyn Fawcett and Robert Cohen, New York: Zone Books.

Canguilhem, Georges (1994 [1968]), "La nouvelle connaissance de la vie," in *Études d'histoire et de philosophie des sciences concernant les vivants et la vie*, Paris: Vrin, pp. 335–64.

Canguilhem, Georges (2008 [1952]), *Knowledge of Life*, trans. Stefanos Geroulanos and Daniela Ginsburg, New York: Fordham University Press, pp. xvii–xviii.

Cavell, Stanley (1962), "The Availability of Wittgenstein's Later Philosophy," *The Philosophical Review* 71/1: 67–93.

Cavell, Stanley (1989), *This New Yet Unapproachable America: Lectures after Emerson after Wittgenstein*, Chicago, IL: The University of Chicago Press.

Chetty, Raj et al. (2016), "The Association Between Income and Life Expectancy in the United States, 2001–2014," *JAMA* 315/16: 1750–66.

Coates, Ta-Nehisi, (2015), *Between the World and Me*, New York: Penguin Books.

Coleman, William (1982), *Death is a Social Disease: Public Health and Political Economy in Early Industrial France*, Madison, WI: University of Wisconsin Press.

Darwish, Mahmoud (2009), *Almond Blossoms and Beyond*, trans. Mohammad Shaheen, Northampton: Interlink Publishing.

Das, Veena (2006), *Life and Words: Violence and the Descent into the Ordinary*, Berkeley, CA: University of California Press.

Das, Veena and Han, Clara (eds.) (2016), *Living and Dying in the Contemporary World: A Compendium*, Berkeley, CA: University of California Press.

Daston, Lorraine (1995), "The Moral Economy of Science," *Osiris* 10: 2–24.

Daston, Lorraine (2008), "Life, Chance & Life Chances," *Daedalus*, 137/1: 5–14.

Derrida, Jacques (2007 [2004]), *Learning to Live Finally: The Last Interview* (with Jean Birnbaum), trans. Pascale-Anne Brault and Michael Naas, Brooklyn, NY: Melville House.

Desmond, Matthew (2016), *Evicted: Poverty and Profit in the American City*, New York: Crown Publishers.

Dostoevsky, Fyodor (1992 [1864]), *Notes from the Underground*, trans. Constance Garnett, Mineola, NY: Dover Thrift Editions.

Duffield, Mark (2001), *Global Governance and the New Wars: The Merging of Development and Security*, London: Zed Books.

Durkheim, Émile (1974 [1906]), "The Determination of Moral Facts," in *Sociology and Philosophy*, trans. D. F. Pocock, Abingdon: Routledge, pp. 35–62.

Emmett, Kathleen (1990), "Forms of Life," *Philosophical Investigations* 13/3: 213–31.

Esposito, Roberto (2008 [2004]), *Bios: Biopolitics and Philosophy*, trans. Timothy Campbell, Minneapolis, MN: University of Minnesota Press, pp. 44–6.

Ewick, Patricia and Silbey, Susan (1998), *The Common Place of Law: Stories from Everyday Life*, Chicago, IL: University of Chicago Press.

Fassin, Didier (1991), "Handicaps physiques, pratiques économiques et stratégies matrimoniales au Sénégal," *Social Science & Medicine* 32/3: 267–72.

Fassin, Didier (1996), "Le gouvernement de la vie," in *L'Espace politique de la santé. Essai de généalogie*, Paris: PUF, pp. 199–281.

Fassin, Didier (2001), "Une double peine. La condition sociale des immigrés malades du sida," *L'Homme* 160: 137–62.

Fassin, Didier (2005), "Compassion and Repression: The Moral Economy of Immigration Policies in France," *Cultural Anthropology* 20/3: 362–87.

Fassin, Didier (2007a), "Humanitarianism as a Politics of Life," *Public Culture* 19/3: 499–520.

Fassin, Didier (2007b [2006]), *When Bodies Remember: Experiences and Politics of AIDS in South Africa*, trans. Amy Jacobs and Gabrielle Varro, Berkeley, CA: University of California Press.

Fassin, Didier (2008), "The Humanitarian Politics of Testimony: Subjectification through Trauma in the Israeli-Palestinian Conflict," *Cultural Anthropology* 23/3: 531–58.

Fassin, Didier (2009a), "Another Politics of Life is Possible," *Theory, Culture and Society* 26/5: 44–60.

Fassin, Didier (2009b), "A Violence of History: Accounting for AIDS in Post-apartheid South Africa," in Barbara Rylko-Bauer, Linda Whiteford, and Paul Farmer (eds.), *Global Health in Times of Violence*, Santa Fe, New Mexico: School of Advanced Research, pp. 113–35.

Fassin, Didier (2009c), "Moral Economies Revisited," *Annales.*

Histoire, sciences sociales 64/6: 1237–66.

Fassin, Didier (2009d), *Inégalités et santé*, Paris: La Documentation française, Problèmes politiques et sociaux n°960.

Fassin, Didier (2010), "Ethics of Survival: A Democratic Approach to the Politics of Life," *Humanity* 1/1: 81–95.

Fassin, Didier (2011), *Humanitarian Reason: A Moral History of the Present*, trans. Rachel Gomme, Berkeley, CA: University of California Press.

Fassin, Didier (ed.) (2012), *Moral Anthropology: A Companion*, Malden, MA: Wiley-Blackwell.

Fassin, Didier (2013 [2011]), *Enforcing Order: An Ethnography of Urban Policing*, trans. Rachel Gomme, Cambridge: Polity.

Fassin, Didier (2014), "The Parallel Lives of Philosophy and Anthropology," in Veena Das, Michael Jackson, Arthur Kleinman, and Bhrigupati Singh (eds.), *The Ground Between: Anthropology Engages Philosophy*, Durham, NC: Duke University Press, pp. 50–70.

Fassin, Didier (2015a), "Économie morale de la protestation: De Ferguson à Clichy-sous-Bois, repenser les émeutes," *Mouvements* 83: 122–9.

Fassin, Didier (2015b), "Troubled Waters: At the Confluence of Ethics and Politics," in Michael Lambek, Veena Das, Didier Fassin, and Webb Keane (eds.), *Four Lectures on Ethics: Anthropological Perspectives*, Chicago, IL: Hau Books, pp. 175–210.

Fassin, Didier (2016), "The Value of Life and the Worth of Lives," in Veena Das and Clara Han (eds.), *Living and Dying in the Contemporary World: A Compendium*, Berkeley, CA: University of California Press, pp. 770–83.

Fassin, Didier (2017a [2015]), *Prison Worlds: An Ethnography of the Carceral Condition*, trans. Rachel Gomme, Cambridge: Polity.

Fassin, Didier (2017b), "The Endurance of Critique," *Anthropological Theory* 17/1: 4–29.

Fassin, Didier (2018 [2017c]), *The Will to Punish*, Oxford: Oxford University Press.

Fassin, Didier and Bourdelais, Patrice (eds.) (2005), *Les Constructions de l'intolérable: Études d'histoire et d'anthropologie sur les frontières de l'espace moral*, Paris: La Découverte.

Fassin, Didier and Eideliman, Jean-Sébastien (eds.) (2012), *Économies morales contemporaines*, Paris: La Découverte.

Fassin, Didier and Lézé, Samuel (2014), *Moral Anthropology: A Critical Reader*, London, New York: Routledge.

Fassin, Didier and Rechtman, Richard (2009 [2007]), *The Empire of Trauma: An Inquiry Into the Condition of Victimhood*, Princeton, NJ: Princeton University Press.

Fassin, Didier, Wilhelm-Solomon, Matthew, and Segatti, Aurelia

(2017), "Asylum as a Form of Life: The Politics and Experience of Indeterminacy in South Africa," *Current Anthropology* 58/2: 160–87.

Faubion, James (2001), *The Shadows and Lights of Waco: Millenialism Today*, Princeton, NJ: Princeton University Press.

Fehér, Ferenc and Heller, Agnes (1994), *Biopolitics*, Aldershot: Ashgate.

Feinberg, Kenneth (2005), *What is Life Worth? The Unprecedented Effort to Compensate Victims of 9/11*, New York: Public Affairs.

Foucault, Michel (1978 [1976]), *The History of Sexuality, Volume 1: An Introduction*, trans. Robert Hurley, New York: Random House.

Foucault, Michel (1985 [1984]), *The History of Sexuality, Volume 2: The Use of Pleasure*, trans. Robert Hurley, New York: Random House.

Foucault, Michel (2003a [1985]), "Life: Experience and Science," in *The Essential Foucault*, ed. Paul Rabinow and Nikolas Rose, New York: The New Press, pp. 6–17.

Foucault, Michel (2003b [1997]), *Society Must Be Defended: Lectures at the Collège de France 1975–1976*, trans. David Macey, New York: Picador.

Foucault, Michel (2007 [2004]), *Security, Territory, Population, Lectures at the Collège de France 1977–1978*, trans. Graham Burchel, New York: Picador.

Foucault, Michel (2008 [2004]), *The Birth of Biopolitics: Lectures at the Collège de France 1978–1979*, trans. Graham Burchel, New York: Picador.

Frank, Gelya (1995), "Anthropology and Individual Lives: The Story of the Life History and the History of Life Stories," *American Anthropologist* 97/1: 145–8.

Franklin, Sarah and Lock, Margaret (eds.) (2003), *Remaking Life and Death: Toward an Anthropology of the Biosciences*, Santa Fe, New Mexico: School of American Research Press.

Fraser, Nancy and Honneth, Axel (2003), *Redistribution or Recognition? A Political-Philosophical Exchange*, trans. Joel Golb, James Ingram, and Christiane Wilke, London: Verso.

Fullwiley, Duana (2011), *The Encultured Gene: Sickle Cell Health Politics and Biological Difference in West Africa*, Princeton, NJ: Princeton University Press.

Garces, Chris (2012), "The Cross Politics of Ecuador's Penal State," *Cultural Anthropology* 25/3: 459–96.

Goffman, Alice (2014), *On The Run: Fugitive Life in an American City*, Chicago, IL: University of Chicago Press.

Gottschalk, Marie (2015), *Caught: The Prison State and the Lockdown of American Politics*, Princeton, NJ: Princeton University Press.

Guenther, Lisa (2013), *Solitary Confinement: Social Deaths and Its Afterlives*, Minneapolis, MN: University of Minnesota Press.

Habermas, Jürgen (1990 [1985]), *The Philosophical Discourse of Modernity: Twelve Lectures*, trans. Frederick Lawrence, Cambridge, MA: MIT Press.

Hacking, Ian (1990), *The Taming of Chance*, Cambridge: Cambridge University Press.

Halbwachs, Maurice (1913), *La Théorie de l'homme moyen: Essai sur Quetelet et la statistique morale*, Paris: Alcan.

Hanna-Attisha, Mona, et al. (2016), "Elevated Blood Lead Levels in Children Associated with the Flint Drinking Water Crisis," *American Journal of Public Health* 106/2: 283–90.

Hartigan, John (2014), *Aesop's Anthropology: A Multispecies Approach*, Minneapolis, MN: University of Minnesota.

Hartman, Saidiya (2008), "Venus in Two Acts," *Small Axe* 12/2: 1–14.

Hegel, Georg Wilhelm Friedrich (1991 [1820]), *Elements of the Philosophy of Right*, trans. H. B. Nisbet, Cambridge: Cambridge University Press.

Helmreich, Stefan (1998), *Silicon Second Nature: Culturing Artificial Life in a Digital World*, Berkeley, CA: University of California Press.

Holmes, Seth (2013), *Fresh Fruit, Broken Bodies: Migrant Farmworkers in the United States*, Berkeley, CA: University of California Press.

Honneth, Axel (1995 [1992]), *The Struggle for Recognition: The Moral Grammar of Social Conflicts*, trans. Joel Anderson, Cambridge: Polity.

Honneth, Axel (2007 [2000]), *Disrespect: The Normative Foundations of Critical Theory*, Cambridge: Polity.

Horkheimer, Max (1972 [1968]), *Critical Theory: Selected Essays*, New York: Seabury Press.

Howell, Signe (ed.) (1997), *The Ethnography of Moralities*, London: Routledge.

Hughes, Everett (1962), "Good People and Dirty Work," *Social Problems* 10/1: 3–11.

Ingold, Tim (2010), "Footprints through the Weather-world: Walking, Breathing, Knowing," *Journal of the Royal Anthropological Institute* 16/1: S121–S139.

Ingold, Tim (2011), *Being Alive: Essays on Movement, Knowledge and Description*, London: Routledge.

Inhorn, Marcia and Wentzell, Emily (eds.) (2012), *Medical*

Anthropology at the Intersections: Histories, Activisms, and Futures, Durham, NC: Duke University Press.

Jackson, Michael (2011), *Life Within Limits: Well-Being in a World of Want*, Durham, NC: Duke University Press.

Jaeggi, Rahel (2005), "'No Individual Can Resist': *Minima Moralia* as Critique of Forms of Life," *Constellations* 12/1: 65–82.

Kazanjian, David (2016), "Two Paths through Slavery's Archives," *History of the Present* 6/2: 133–45.

Keenleyside, Heather (2012), "The First-Person Form of Life: Locke, Sterne, and the Autobiographical Animal," *Critical Inquiry* 39: 116–41.

Khurana, Thomas (2013), "The Freedom of Life: An Introduction," in *The Freedom of Life: Hegelian Perspectives*, Thomas Khurana (ed.), Cologne: August Verlag Berlin, pp. 11–32.

King, Matthew (2009), "Clarifying the Foucault-Habermas Debate: Morality, Ethics, and 'Normative Foundations'," *Philosophy and Social Criticism* 35/3: 287–314.

Kohn, Eduardo (2007), "How Dogs Dream: Amazonian Natures and the Politics of Transspecies Engagement," *American Ethnologist* 34/1: 3–24.

Kohn, Eduardo (2013), *How Forests Think: Toward an Anthropology Beyond the Human*, Berkeley, CA: University of California Press.

Koselleck, Reinhart (2004 [1979]), *On the Semantic of Historical Time*, trans. Keith Tribe, New York: Columbia University Press.

Krieger, Nancy (2000), "Discrimination and Health," in Lisa Berkman and Ichiro Kawachi (eds.), *Social Epidemiology*, Oxford: Oxford University Press, pp. 36–75.

Laidlaw, James (1995), *Riches and Renunciation: Religion, Economy and Society Among the Jains*, Oxford: Clarendon Press.

Laidlaw, James (2014), *The Subject of Virtue: An Anthropology of Ethics and Freedom*, Cambridge: Cambridge University Press.

Lambek, Michael (2015), *The Ethical Condition: Essays on Action, Person and Value*, Chicago, IL: University of Chicago Press.

Laugier, Sandra (2015), "La vulnérabilité des formes de vie," *Raisons politiques* 57: 65–80.

Lear, Jonathan (1986), "Transcendental Anthropology," in Philip Pettit and John McDowell (eds.), *Subject, Context and Thought*, Oxford: Clarendon Press, pp. 267–98.

Lebovic, Nitzan (2006), "The Beauty and Terror of *Lebensphilosophie*: Ludwig Klages, Walter Benjamin, and Alfred Baeumler," *South Central Review* 23/1: 23–39.

Leclerc, Annette (ed.) et al. (2000), *Les Inégalités sociales de*

santé, Paris: La Découverte.
Lefort, Claude (1991 [1981]), "Permanence of the Theologico-Political?," in *Democracy and Political Theory*, Cambridge: Polity, pp. 213–55.
Leibbrandt, Murray, Poswell, Laura, Naidoo, Pranushka, and Welch, Matthew (2006), "Measuring Recent Changes in South African Inequality and Poverty," in Haroon Bhorat and Ravi Kanbur (eds.), *Poverty and Policy in Post-Apartheid South Africa*, Pretoria: HSRC Press, pp. 95–142.
Lemke, Thomas (2011), *Biopolitics: An Advanced Introduction*, New York: New York University Press.
Lévinas, Emmanuel (1979 [1961]), *Totality and Infinity: An Essay on Interiority*, trans. Alphonso Lingis, Dordrecht: Kluwer Academic Publishers.
Lévi-Strauss, Claude (1969 [1949]), *The Elementary Structures of Kinship*, trans. James Harle Bell, John Richard von Sturmer, and Rodney Needham, Boston, MA: Beacon Press.
Lewis, Oscar (1961), *The Children of Sánchez: Autobiography of a Mexican Family*, New York: Vintage.
Lewis, Philip (1985), "The Measure of Translation Effects," in *Difference in Translation*, Joseph Graham (ed.), Ithaca, NY: Cornell University Press, pp. 31–62.
Locke, John (1836 [1689]), *An Essay Concerning Human Understanding*. London: T. Tegg & Son.
Lovell, Anne, Stefania Pandolfo, Veena Das, and Sandra Laugier (2013), *Face aux désastres: Une conversation à quatre voix sur la folie, le care et les grandes détresses collectives*, Montreuil: Ithaque.
Macé, Marielle (2016), *Styles: Critique de nos formes de vie*, Paris: Gallimard.
Mahmood, Saba (2005), *The Politics of Piety: The Islamic Revival and the Feminist Subject*, Princeton, NJ: Princeton University Press.
Marrus, Michael (2002), *The Unwanted: European Refugees from the First World War through the Cold War*, Philadelphia, PA: Temple University Press.
Massey, Douglas (2007), *Categorically Unequal: The American Stratification System*, New York: Russell Sage Foundation.
Meillassoux, Claude (1986), *Anthropologie de l'esclavage: Le ventre de fer et d'acier*, Paris: PUF.
Musil, Robert (1995 [1930]), *The Man Without Qualities*, trans. Sophie Wilkins and Burton Pike, London: Picador.
Nehamas, Alexander (1998), *The Art of Living: Socratic Reflections from Plato to Foucault*, Berkeley, CA: University of California Press.
Nietzsche, Friedrich (1989 [1887]), *On the Genealogy of Morals*,

trans. Walter Kaufman, New York: Vintage Books.
Nietzsche, Friedrich (2001 [1882]), *The Gay Science: With a Prelude in German Rhymes and an Appendix of Songs*, trans. Josefine Nauckhoff, Cambridge: Cambridge University Press.
Ogien, Albert (2015), "La démocratie comme revendication et forme de vie," *Raisons politiques* 57: 31–47.
Olshansky, Jay et al. (2012), "Differences in Life Expectancy Due to Race and Educational Differences Are Widening and Many May Not Catch Up," *Health Affairs* 31/18: 1803–10.
Owen, David (2002), "Criticism and Captivity: On Genealogy and Critical Theory," *European Journal of Philosophy* 10/2: 216–30.
Parrenas, Rhacel (2001), *Servants of Globalization: Migration and Domestic Work*, Stanford, CA: Stanford University Press.
Patterson, Orlando (1982), *Slavery and Social Death: A Comparative Study*, Cambridge, MA: Harvard University Press.
Perec, Georges (1987 [1978]), *Life: A User's Manual*, trans. David Bellos, London: Collins Harvill.
Peters, Rudolph (2006), *Crime and Punishment in Islamic Law: Theory and Practice from the Sixteenth to the Twenty-first Century*, Cambridge: Cambridge University Press.
Petryna, Adriana (2002), *Life Exposed: Biological Citizens after Chernobyl*, Princeton, NJ: Princeton University Press.
Pitrou, Perig (2014), "La vie, un objet pour l'anthropologie ? Options méthodologiques et problèmes épistémologiques," *L'Homme* 212: 159–89.
Porter, Theodore (1988), *The Rise of Statistical Thinking, 1820–1900*, Princeton, NJ: Princeton University Press.
Proust, Marcel (1996 [1927]), *In Search of Lost Time*, vol. 6: *Time Regained*, trans. Andreas Mayor and Terence Kilmartin, London: Vintage.
Rabinow, Paul (1999), *French DNA: Trouble in Purgatory*. Chicago, IL: University of Chicago Press.
Rabinow, Paul and Caduff, Carlo (2006), "Life – After Canguilhem," *Theory, Culture & Society* 23/2–3: 329–31.
Rabinow, Paul and Rose, Nikolas (2006), "Biopower today," *BioSocieties* 1/1: 195–217.
Ralph, Laurence (2014), *Renegade Dreams: Living Through Injury in Gangland Chicago*, Chicago, IL: University of Chicago Press.
Read, Kenneth (1955), "Morality and the Concept of the Person among the Gahuku-Gama," *Oceania* 25/4: 233–82.
Rimbaud, Arthur (2004 [1873]), *A Season in Hell*, trans. Jeremy Denbow, Lincoln: iUniverse.
Rios, Victor (2011), *Punished: Policing the Lives of Black and Latino Boys*, New York: New York University Press.

Robbins, Joel (2004), *Becoming Sinners: Christianity and Moral Torment in a Papua New Guinea Society*, Berkeley, CA: University of California Press.

Rose, Nikolas (2007), *The Politics of Life Itself: Biomedicine, Power, and Subjectivity in the Twenty-First Century*, Princeton, NJ: Princeton University Press.

Rousseau, Jean-Jacques (1985 [1754]), *A Discourse on Inequality*, New York: Penguin Books.

Rudder Baker, Lynne (2008), "On the Very Idea of a Form of Life," *Inquiry: An Interdisciplinary Journal of Philosophy* 27/1–4: 277–89.

Schelling, Thomas (1984), "The Life You Save May Be Your Own," in *Choice and Consequence*, Cambridge, MA: Harvard University Press, pp. 113–46.

Scheper-Hughes, Nancy (1992), *Death Without Weeping: The Violence of Everyday Life in Brazil*, Berkeley, CA: University of California Press.

Schlanger, Margo (2013), "Prison Segregation: Symposium Introduction and Preliminary Data on Racial Disparities," *Michigan Journal of Race & Law* 18: 241–50.

Schneider, Cathy Lisa (2014), *Police Power and Race Riots: Violent Unrest in Paris and New York*, Philadelphia, PA: University of Pennsylvania Press.

Schor, Ralph (1996), *Histoire de l'immigration en France de la fin du XIXe siècle à nos jours*, Paris: Armand Colin.

Schrödinger, Erwin (1944), *What is Life? The Physical Aspect of the Living Cell*, Cambridge: Cambridge University Press.

Schultz, Theodore (ed.) (1974), *Economics of the Family: Marriage, Children, and Human Capital*, Chicago, IL: University of Chicago Press.

Seager, Sara et al. (2016), "Toward a List of Molecules as Potential Biosignature Gases for the Search of Life on Exoplanets and Applications to Terrestrial Biochemistry," *Astrobiology* 16/6: 465–85.

Simmel, Georg (1978 [1907]), *The Philosophy of Money*, trans. Tom Bottomore and David Frisby, London: Routledge & Kegan Paul.

Singer, Peter (2009), *The Life You Can Save: Acting Now to End World Poverty*, New York: Random House.

Singh, Bhrigupati (2015), *Poverty and the Quest for Life: Spiritual and Material Striving in Rural India*, Chicago, IL: University of Chicago Press.

Steiner, George (1975), "The Hermeneutic Motion," in *After Babel: Aspects of Language and Translation*, Oxford: Oxford University Press, pp. 296–303.

Stevenson, Lisa (2014), *Life Besides Itself: Imagining Care in*

the Canadian Arctic, Berkeley, CA: University of California Press.
Surak, Kristin (2013), "Guestworkers: A Taxonomy," *The New Left Review* 84: 84–102.
Thomas, William and Znaniecki, Florian (1996 [1920]), *The Polish Peasant in Europe and America: A Classic Work in Immigration History*, Urbana/Chicago, IL: University of Illinois Press.
Thompson, E. P. (1971), "The Moral Economy of the English Crowd in the Eighteenth Century," *Past & Present* 50: 76–136.
Torpey, John (1986), "Ethics and Critical Theory: From Horkheimer to Habermas," *Telos. Critical Theory of the Contemporary* 69: 68–84.
Vailly, Joëlle, Kehr, Janina, and Niewöhner, Jörg (eds.) (2011), *De la vie biologique à la vie sociale: Approches sociologiques et anthropologiques*, Paris: La Découverte.
Weber, Max (1994 [1919]), "Politics as a Vocation," in Peter Lassman and Ronald Speirs (eds.), *Weber: Political Writings*, trans. Ronald Speirs, Cambridge: Cambridge University Press, pp. 309–69.
Weiss, Madeline, et al. (2016), "The Physiology and Habitat of the Last Universal Common Ancestor," *Nature Microbiology* 1 (July 25), available at: <doi:10.1038/nmicrobiol.2016.116>.
Westermarck, Edward (1906), *The Origin and Development of Moral Ideas*, 2 vols, London: Macmillan.
Western, Bruce (2006), *Punishment and Inequality in America*, New York: Russell Sage Foundation.
Williams, Bernard (1974), "Wittgenstein and Idealism," in *Understanding Wittgenstein*, Royal Institute of Philosophy Lectures, London: Macmillan, pp. 76–95.
Williams, David, et al. (2010), "Race, Socioeconomic Status and Health," *Annals of the New York Academy of Sciences* 1186: 69–101.
Wittgenstein, Ludwig (1998 [1977]), *Culture and Value: A Selection from the Posthumous Remains*, ed. Henrik von Wright, Georg and Nyman Heikki, Oxford: Blackwell Publishers.
Wittgenstein, Ludwig (2009 [1953]), *Philosophical Investigations*, trans. G. E. M. Anscombe, revised by P. M. S. Hacker and Joachim Schulte, Malden, MA: Wiley-Blackwell.
Wool, Zoë (2015), *After War: The Weight of Life at Walter Reid*, Durham, NC: Duke University Press.
Zelizer, Viviana (2011), *Economic Lives: How Culture Shapes the Economy*, Princeton, NJ: Princeton University Press.
Zigon, Jarrett (2011), "HIV is God's Blessing," *Rehabilitating Morality in Neoliberal Russia*, Berkeley, CA: University of California Press.

译后记

在近四十年来的欧美学界,医学史与医疗人类学的渊源极深。法国学者迪杰·法桑(Didier Fassin)的学术道路就是这一趋势的杰出代表:在进入社会科学领域之前,他曾是一名内科医生,并具有专业的公共卫生领域的知识。他在法国和南非各地进行的田野调查,将对生命和医学的关心作为一以贯之的主题。2009年以来,他兼任法国高等社会科学院和美国普林斯顿高等研究院社会科学领域的终身教授,对欧洲和美国的人文社科学术传统都有极深的理解。

本书的三个主要章节就是法桑几年前受邀在著名的法兰克福学派大本营"阿多诺纪念讲座"的全文整理版,浓缩并融汇了这位学者毕生工作的精华所在。本书对医学人类学、对"生命"作为主要关注对象的人类学以及更宽泛意义上的社会科学文献进行了系的梳理和扼要的介绍。在短短的一百多页中,我们可以看到,一位顶尖学者如何游走于人类学、社会学、当代政治学、公共卫生等领域,进而对形塑这些学科的哲学议题提出自己的思考。作者的主要关怀,无疑仍然聚焦于西方社会近二十年来的重大议题,例如欧洲一体化之后的边境移民问题、去殖民化问题、公民社会与艾滋病问题、全球人道主义危机,以及巴以冲突的症结等等。虽然如此,在中国当下各个学科建设日新月异的大背景下,本书或许更可以提供一种跨学科语境对话——甚至是超越了具体学科实践的"元话语"(metadiscourse)——之范例。在新冠大流行的阴影仍然笼罩全球的今天,还有什么比"生命"更加牵动所有人的议题呢?

十几年前,我以生物学专业的背景,转而探寻人文社科学术门径时,也曾反复思考要在人类学和史学这两门学科中选择哪个。翻译本书的过程给我带来一种以快进模式欣赏自己"未选择的路"(road not taken)沿途风景的愉悦感。但更重要的,或许是它引导我重新审视医学史研究主要范式背后的问题意识,并思考跳出学科现状的可能性。毫无疑问,以米歇尔·福柯为中心的欧陆哲学论述完全改变了欧美主流医学史的书写:从美国本土来看,二十世纪六十至八十年代医疗史主要着眼于医患关系、医疗发生的社会场景、医疗机构的历史沿革等等,然而自八十年代末至九十年代,逐渐占据上风的则是对医学知识体系的全面反思,进而在二十一世纪与全球史的书写合流,去审视全球视野中殖民医学与在地知识的碰撞。微观层面上,医学史研究与作为文化史的科学史研究愈来愈看不出区别,着眼点都在于具体历史语境下不同"知识生产者"主体的建构、知识传播的媒介等等。一言以蔽之,在此视野下,史学(以及其他社会科学)的旨趣主要在于如何通过具有公共性的知识预设来"调节他人的行为"(conduct one's conduct),而非社会空间中出自公权力或个体的纷繁复杂的行为本身。

这一范式也多少影响了我的博士论文以及第一部专著(英文 *Know Your Remedies: Pharmacy and Culture in Early Modern China*,Princeton University Press,2020;中文译本《药之为物:中国明清时期的本草知识》2022 年江苏人民出版社即出)的论述。在写作过程中,我自己也意识到,有时过于执着对"知识"进行福柯式的谱系学分析,而把"医疗"本身写丢了。从两年前起,我逐渐开始反思,如何在所谓的"知识史"(history of knowledge)体系之外,去探讨"生之政治"(politics of life)

的问题。或许中国古代"业医者"身份的暧昧不明,令传世史料中的知识体系与实际社会生活和政治行动之间的张力体现得格外明显;而在中国近代以前寻求福柯式的"生命政治"(biopolitics)与治理术的努力,也大多无功而返。然而,这并不代表我们不能从"生命"与"生活"入手,来为中国史的书写揭开新的思路;究其根本,何为"好的生活"的观念,以及这样的观念如何通过社会生活而深入人心,仍然是古往今来政治行动的重要场域。同样地,在今天,各国应对新冠疫情的不同策略,也清楚地体现了"生之政治"的权变。

因此,在 2020 年因疫情困居于美国一隅的酷暑,我终于读完了这本书。在此需要感谢中国社会科学院的刘文楠老师引荐我认识华东师范大学出版社的顾晓清编辑,她恰好刚刚谈下了这本书的中文版权,双方很快就翻译的计划达成了共识。感谢华东师范大学出版社"薄荷实验"的各位工作人员对翻译初稿进行认真的校对,并帮我查找和补全引文当中的既有中文译法。当然,因为本书涵盖若干个重要的哲学与社科领域,文中遗存的不精确之处在所难免,责任则全在我,也希望能够继续得到专家的指教。

最后,我想分享一些对这本书法文版书名

(*La vie: mode d'emploi critique*)题中之义的个人理解。法桑对文学与民族志书写之间的关系抱有一贯的兴趣,因此本书的题目也是借用了法国作家乔治·佩雷克的长篇小说《人生拼图版》(法语原文是 *La vie: mode d'emploi*,直译为《生命:一部用户手册》)的书名,但加上了"批判性"(*critique*)一词以示区别。那么,什么是法桑心目中的"批判性用户手册"?我并非佩雷克研究或批判理论的专业学者,但在通读了佩雷克的原著之后,我大致这样理解:

首先,佩雷克和法桑写作的初衷,都是希望站在"使用者"的角度来促成积极的思考与行动,而非站在治理者的视角去看待生命。生命的"使用者"能够体认到自己身处于庞大而复杂的历史进程与社会空间之中,人与人的际遇正如同两枚看似不相关的拼图巧妙地连接在一起。

第二,法桑所说的"批判性",则是通过思考与行动,看清了世间的"生之不平等",从而心有所感,在骇异之余,存一个朴素的公义的念头,而不陷入虚空之境。这并不是最容易实现的人生观,我们也并不应执此去苛求他人而不反求诸己。然而法桑的信念就在于,"批判"地看待和使用人生,从而去想象和实现一种别样的"生之政治",归根结底是可能的。

在小说最后，主人公巴特尔布思没能完成拼图制作手艺人温克勒留下的谜题而死去。需要注意的是，佩雷克并没有法桑在学院、田野与公共生活中所提倡和身体力行的批判性。法桑是希望自己的工作在世间留下足迹，而巴特尔布思（以及佩雷克）的信念则是在完成拼图后，将其全部销毁，不留任何印记。或许抱有批判观念而生活的学者们，都同时既是孜孜以求完成人生拼图的巴特尔布思，又是给后人留下观念拼图谜题的温克勒。希望本书的读者和使用者们，会在这本小书中获得某种探寻与思辨的愉悦，并且知道世界上有那么多人，都在试图解开同样的谜题。

最后，无论是否以著述立说为志业，人生的旅程仍需继续。

边 和

2021 年 9 月 5 日于普林斯顿